什刹海

水文化遗产

周坤朋　王崇臣　陆　翔　著

中国建筑工业出版社

图书在版编目（CIP）数据

什刹海水文化遗产 / 周坤朋，王崇臣，陆翔著．—北京：中国建筑工业出版社，2016.10

ISBN 978-7-112-19860-3

Ⅰ．①什… Ⅱ．①周… ②王… ③陆… Ⅲ．①理水(园林)-文化遗产-西城区 Ⅳ．①TU986.43

中国版本图书馆CIP数据核字（2016）第222977号

责任编辑：费海玲　焦　阳
责任校对：王宇枢　李美娜

什刹海水文化遗产
周坤朋　王崇臣　陆　翔　著
*
中国建筑工业出版社出版、发行（北京西郊百万庄）
各地新华书店、建筑书店经销
北京锋尚制版有限公司制版
北京市密东印刷有限公司印刷
*
开本：787×1092毫米　1/16　印张：9¾　字数：178千字
2016年11月第一版　2016年11月第一次印刷
定价：48.00元
ISBN 978-7-112-19860-3
（29347）

序

xu

转眼之间,《北京什刹海水文化遗产》一书即将付梓，我不禁有些心潮澎湃。因为该书是北京建筑大学“新型环境修复材料与技术课题组”水文化遗产研究小组在北京水文化研究方面取得的重要阶段性成果。

从2011年开始，在北京建筑大学环境学科相关研究的影响下，我走出校园，利用业余时间进行“骑河”（沿河骑行）活动。在此过程中，我用照片记录下了北京一些河流的景色，非常直观地体会到了北京的秀美如何因水而成。以这些照片为基础，我申请并有幸得到相关资助，开始带领团队进行“北京市教委特色资源库建设项目——水美北京”子项目的建设工作。

在对更多河流、湖泊、湿地等水体的实地勘察过程中，我们不仅看到了“水美北京”，同时也发现了水源干涸、水体污染等严重的现实问题。在北京这个严重缺水的现代化大都市中，很多水体有形而无神，丧失了生命的活力，失去了水的灵性。于是，在后期的研究工作中，我经常会想象，当年作为水乡的北京展开的究竟是怎样一幅壮美画卷；更忍不住思考，曾经水网密布、河湖众多，因水而生、因水而兴的北京为何在今日换了容颜……

2014年9月，周坤朋同学作为“建筑遗产保护专业”的硕士研究生加入了“新型环境修复材料与技术课题组”。他的到来，不仅壮大了我们的队伍，也使得我们“将环境与建筑结合在一起进行研究”的追求有望得以实现。

进组后，坤朋同学首先以“北京水文化遗产的类型、特征及功能评价”为题，申请了“北京建筑文化研究基地”的开放基金，并被批复为重点项目。接着，他又以“北京水文化遗产”为题，成功申请了“北京市教委特色资源库建设项目”。后期在我的指导下，坤朋同学将什刹海水质置于时空中加以研究和分析，顺利完成了《北京什刹海地区水体富营养化时空演变特征分析》一文，发表于《环境化学》，成就了我课题组在水文化方向的首项成果。

我校建筑学院陆翔教授对坤朋同学的工作能力赞赏有加，亲自指导他参与了什刹海建筑方面的研究项目。这种用“环境学”及“建筑学”对“北京水文化遗产”进行交叉研究的形式，也正是我们最希望看到的。而今天和大家见面的《北京什刹海水文化遗产》，可谓我课题组在北京水文化遗产交叉研究的小试牛刀之作。

本书主要介绍了什刹海区域水文化遗产形成的相关背景（第一章）、什刹海水文化遗产的类型及特征（第二章）、什刹海水文化遗产价值评估（第三章）、什刹海水文化遗产保护开发的对策及建议（第四章）、什刹海水文化遗产保护实践案例（第五章）等。全书是从历史、文化遗产、生态、环境等角度对什刹海水文化遗产进行的综合探究，对于北京水文化遗产的理论研究和实践保护都具有一定的意义。

在本书的撰写过程中，周坤朋同学充分显示出了对该研究由衷的热爱，付出了很多心血。经过大量的文献查阅、多次的实地走访和反复的讨论修改，这一学科交叉的研究成果才得以实现。另外，陆教授为本书提供了大量富有建设性的意见，从选题到撰写，从修改到完稿，每一个过程都离不开他细致耐心的帮助。课题组王鹏老师除进行实质性指导外，还进行了全书审阅和校改工作。建筑遗产保护专业的研究生李芸、鲍仁强、吴婷、丁艺及本科生吴礞、赵大维、潘悦、宿玉、刘烨辉、胡潇白等同学在什刹海区域调研、资料收集整理及编辑方面均提供了帮助。在此，向上述老师和同学表示感谢！

在本书撰写、出版过程中，我们不仅得到了北京建筑大学学术著作出版基金（CB2016008）、北京建筑文化研究基地重点项目、北京市教委特色资源库建设项目（2016）、北京市属高校高层次人才引进与培养计划和创新团队与教师职业发展计划“青年拔尖人才培育计划”（CIT&CD201404076）的资助，同时也得到了中国建筑工业出版社费海玲老师和焦阳编辑的大力协助。在此，我们一并表示诚挚的谢意！

另外，还要感谢业内相关专家和前辈的长期积累和积淀，让我们对北京的水系和相关遗产有了更加深入的了解。正是因为有了众多学者专家的研究成果，我们才得以站在前辈的肩膀上，对水文化遗产进行了一次全方位的探索。由于作者专业和水平的局限，全书专业术语较多，行文略显晦涩，不当之处，还请前辈、同行学者及读者予以斧正！

王崇臣
2016年8月28日

目录

mulu

5/ 103

第五章
什刹海水文化遗产保护实践案例
——玉河北段修复保护工程评析

引言

yinyan

水文化是中国传统文化的重要组成部分，是中华民族在悠久的历史当中和水朝夕相处、共生共荣所创造出来的优秀文化。水文化遗产作为水文化的载体，见证社会和人类治水的历史，凝聚了古代劳动人民智慧和艺术的结晶，具有重要的历史文化价值。目前国内对文化遗产的研究大多限于建筑及聚落文化遗产方向，水文化遗产方面的著述甚少，尚未形成一个完整的理论体系。虽然业内对京杭大运河、都江堰等较著名的水文化遗产有较为全面的调查研究，但相关课题研究内容涉及北京水文化遗产的非常少。北京作为中国的首都和世界历史文化名城，拥有三千多年的建城史，曾是燕蓟重镇，辽的陪都，金、元、明、清的都城,历史悠久，城市水利事业兴盛，一直是中国水利活动的重点区域。同时在历史上，北京曾有“水乡”之称，当时这里河湖纵横、清泉四溢、湿地遍布、禽鸟翔集，蔚为壮观。悠久的历史和丰富的水资源造就了北京一大批优秀的水文化遗产，这些文化遗产不仅数量众多，类型多样，而且见证了地区水利活动的兴盛和发展，承载着深厚的文化内涵，是北京传统地方文化的体现。然而在北京城市化和工业化的发展过程中，大量河湖水系被填埋改造，大批水文化遗产遭到严重破坏，面临着较严重的环境污染问题。为了保护好、利用好水文化遗产，发挥其在地区文化建设中的作用，需要深入地对北京水文化遗产进行调查研究，充分认识其价值意义。

本书以什刹海水文化遗产为研究对象，通过文献研究和实地调查，揭示了北京水文化遗产深厚的历史文化内涵和重要的价值意义，探究了北京水文化遗产保护和开发可行的对策和建议，以期推动北京水文化遗产研究和保护工作的开展。什刹海由于位于北京城市中心位置，其起源、发展和整个北京城市的兴衰密切相关，其周围水文化遗产众多，是北京水文化遗产较为密集的区域，在整个北京水文化遗产区域当中较有代表性。从历史、文化遗产、生态等角度对什刹海地区进行综合研究，具有如下几个方面的意义：第一，通过追溯什刹海水域形成演变的过程及水文化遗产形成的自然历史背景，可以深入地探究北京地区历史、文化兴替演变的特征，从而为北京河湖水系和水文化遗产的发展保护找出适宜的方法路径，保护地区文化特色，延续古都文脉；第二，通过系统地分析什刹海区域水文化遗产的类型特点、价值意义，丰富水文化遗产研究理论，拓展相关领域的研究深度，并依此为样例探究北京整体水文化遗产的类型特征、文化特色，推动北京水文化遗产研究工作的开展；第三，针对什刹海区域水文化遗产的现状分析，发现其存在的遗产保护和生态治理等方面问题。结合遗产保护、环境生态学等学科，探寻其保护治理的方法建议，并以此为依托，构建北京水文化遗产保护开发的思路方法，为保护实践工作提供理论指导和建议，切实推动北京水文化遗产保护实践工作的全面开展。

本书研究对象主要是在什刹海水系历史变迁当中通过对水的利用、认知所形成的文化遗产，以及什刹海区域当中所有和水文化相关的文化遗产。类型包括河湖水系、园林景观、水利设施、民俗活动等。在研究内容方面，本书首先深入探究什刹海区域水文化的起源和发展，并从自然、历史、社会、文化等多个角度分析了地区水文化遗产的形成背景；其次，在全面了解区域水文化遗产整体状况的基础上按照河湖水系、水利设施、园林景观等类型对水文化遗产进行分类，总结不同类型水文化遗产的特点，揭示其深刻的价值意义；再次，结合文化遗产和环境生态两方面，借鉴国内外相关遗产价值评估标准，建立了一个评估体系，对什刹海地区各种类型水文化的遗产价值进行量化评估；最后，针对地区水文化遗产现状问题进行分析，得出其存在的保护问题，并从相应的角度采取合理的保护对策和建议。研究范围主要为什刹海历史文化保护区：东起地安门外大街，西至新街口大街，北抵鼓楼西大街，南到地安门西大街。区域东西距离2.0km，南北全长1.7km，区域总体面积达2.5km^2（图1）。

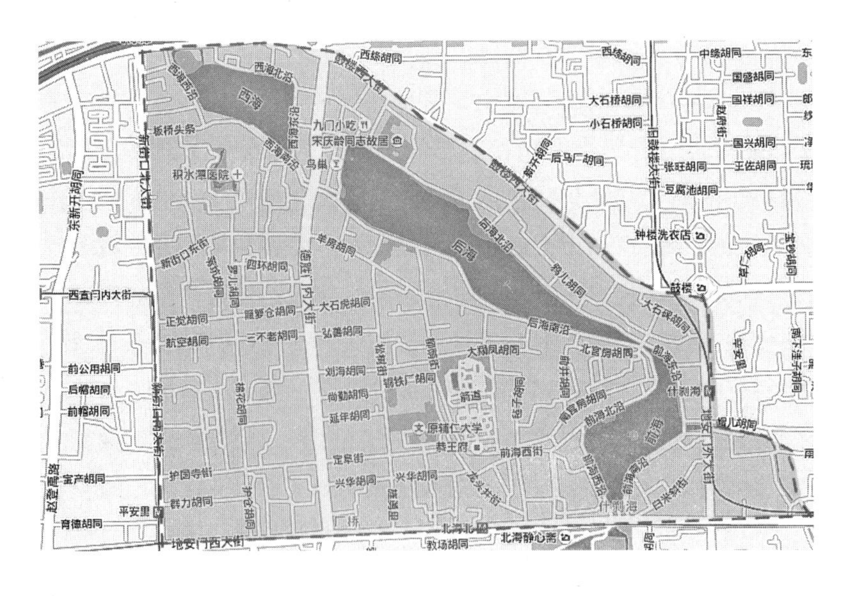

图1 什刹海区域图（图片来源：作者自绘）

相关概念的界定

文化遗产：据《保护世界文化和自然遗产公约》的规定，文化遗产的定义为“从历史、艺术或科学角度看具有突出的普遍价值的建筑物、碑雕和碑画、具有考古性质成分或结构、铭文、窟洞以及联合体；从历史、艺术或科学角度看在建筑式样、分布均匀或与环境景色结合方面具有突出的普遍价值的单立或连接的建筑群；从历史、审美、人种学或人类学角度看具有突出的普遍价值的人类工程或自然与人联合工程以及考古地址等地方[①]。因此文化遗产主要是指见证人类历史文明的重要遗存，具有重要的社会历史、科学艺术等价值。按其存在的形式，文化遗产可以分为有形的文化遗产和无形的文化遗产。有形的主要指物质形态的文化遗产，如遗址、建筑群等。无形的文化遗产主要指非物质形态文化遗产，如风俗、民间工艺等。而什刹海区域和水相关的文化遗存类型多样，价值内涵各不相同，部分文化遗迹具有较高的历史文化价值，可以归为重要文化遗产级别，也有部分文化遗存价值相对较低，只能归为普通的文化遗存。为方便表述，本书在叙述中统一用“文化遗产”代指区域文化遗存。

水文化：水文化主要是指人类在社会历史发展当中和水相处、治水、理水等活动产生的物质和精神方面的文化总和。既包括水利工程、河湖水系等物质形态的文化遗存，又包括人们在和水相处中产生的意识形态的文化，如和水相关的文学艺术、哲学思想、风俗习惯等[②]。水文化内涵丰富，和人类生活息息相关，见证了人类历史的起源发展，是人类文化的重要组成部分。

水文化遗产：水文化遗产是水文化传承和存在的载体。主要是指人类在对水开发利用、娱乐审美等水事活动中形成的遗址、文物和各种民俗活动的表现形式，是历史时期人类对水的利用、认知所留下的文化遗存，是人类治水文明的重要见证，具有较高历史、艺术、科学等价值[③]。

---

① 《保护世界文化和自然遗产公约》，1972年11月16日在巴黎通过的一个国际公约，见公约第一条。

② 汪健，陆一奇. 我国水文化遗产价值与保护开发刍议［J］. 水利发展研究，2012, 01:77-80.

③ 徐红罡，崔芳芳. 广州城市水文化遗产及保护利用［J］. 云南地理环境研究，2008, 05:59-64.

1

第一章

什刹海区域水文化遗产形成的相关背景

什刹海地处北京城市中心，毗邻皇城，在历朝历代的城市变迁中，什刹海水系也随之发生着重要变动。历史上，什刹海一直是北京城内水利活动的重点区域，水利事业兴盛，同时还是北京重要的文化中心、商业中心和著名的风景名胜区，民间文娱活动鼎盛。频繁的水利活动、浓郁的人文气息，加之优越的自然水文条件，使得什刹海周边形成了丰富多样的水文化，由此成为北京水文化遗产最密集的区域之一。

一、历史沿革

（一）什刹海的起源

在东汉以前，什刹海水域原为永定河故道，三国时期以后永定河向南偏移，迁于蓟城以南，在原故道上留下了一些积水与河流，之后高粱河河水注入故道低洼之地，即形成了现在什刹海的雏形，也为日后北京城市的形成奠定了重要的基础。

在辽宋时期，辽国将古蓟城改建为陪都，名为燕京，又名南京。这个时期什刹海区域名为“三海大河”。辽国统治者曾在三海大河南部（今北海琼华岛）建有行宫，名为瑶屿，作游猎度假之用（图1-1）。

（二）金朝白莲潭

辽代末期，北方女真族日渐强大，在南下灭掉辽国之后，随即迁都燕京，

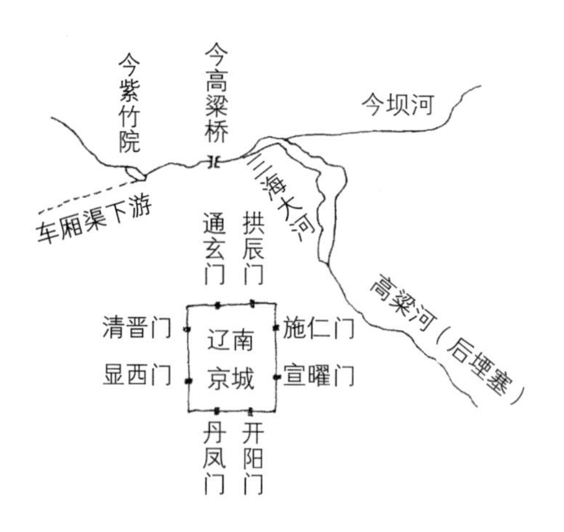

图1-1 三海大河
（图片来源：作者自绘）

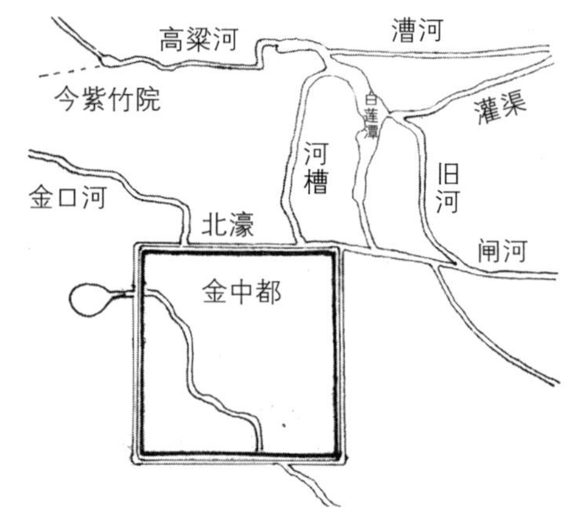

图1-2 金代白莲潭
（图片来源：作者自绘）

并在蓟城的基础上改建都城。当时什刹海区域湖泊广阔，风景秀丽，金朝为满足休闲娱乐之需，重新疏浚此片水域，使之形成一片较大的湖泊，在湖的东岸（即今北海处）兴建两个岛屿（现琼华岛和瀛洲），并兴建了太宁宫，作为皇室郊游的离宫，湖中也因遍植白莲而被命名为白莲潭（图1-2）。

为解决漕运，金朝以白莲潭为水源，开挖了白莲潭至通州的运河——闸河，在中都城北侧开挖漕河（图1-3），并以白莲潭的上游为起点和水源，开凿一条渠道“河槽”分水南下，穿过今西直门内大街旧有横桥直入中都北护城河，以方便北方的粮船通过河道直达中都城下，由此白莲潭成为金中都的漕运码头，起着供水、调节水库和泊船的作用。

（三）元朝积水潭

公元1234年，金朝为蒙古军队所灭，公元1264年，蒙古政权将燕京行省改为都城。因原金都旧城早已被废弃多年，且水源匮乏，不利于原址复建，所以忽必烈下令觅址营建新都城。此时，水草丰美、水量充沛的白莲潭水域成为建都的首选之地。公元1267年，忽必烈命元朝著名的建筑学家刘秉忠主持修建大都城。在刘秉忠的规划设计下，白莲潭被作为整个城市规划的核心，来控制整个城市的布局。刘秉忠将城市的中轴线置于湖的东岸，以湖的东北处（今万宁桥）作为全城的规划中心，在紧邻湖的西岸修筑了西城墙，并按对称的原则确定了东城墙的位置。根据已确定的东西轴线，选择合适的位置确定了南北城墙的位置。这样整个四面城墙就大体确定下来，全城轮廓近似方形（图1-4）。

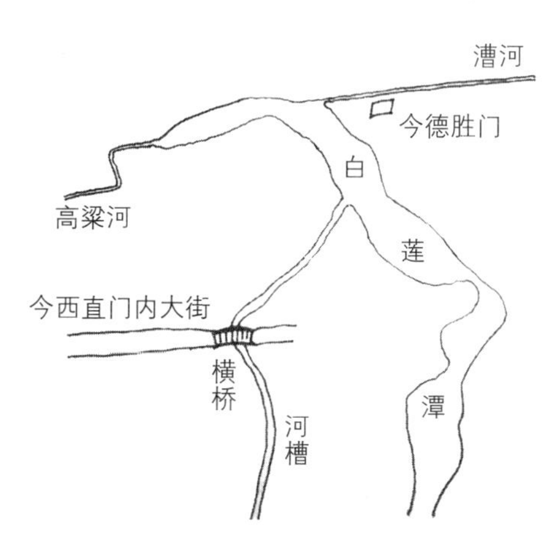

图1-3 漕河引水
（图片来源：侯仁之《什刹海志》）

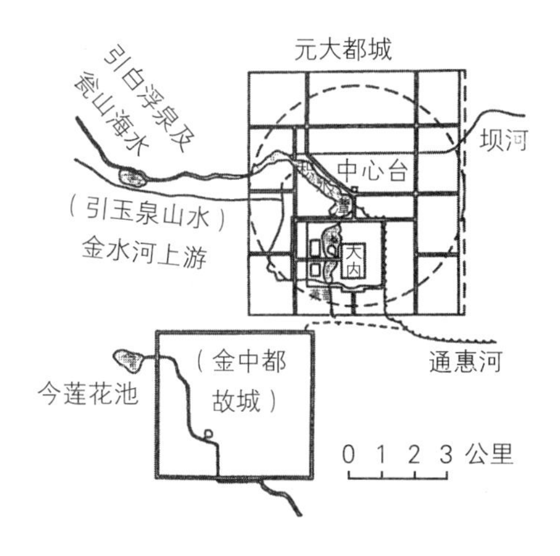

图1-4 以什刹海水系为都城规划的依据
（图片来源：侯仁之《什刹海志》）

金代时白莲潭水域面积广阔，包含今天的北海和中海。元朝以白莲潭水域为中心建立都城后，将白莲潭截分为南北两部分，南部水域被圈入了皇城内部，改称太液池（现在的北海和中海）（图1-5），作为皇家御苑的一部分；北部水域则称为积水潭（又名海子，现在的前海、后海、西海）（图1-6），并被赋予了新的使命。

元朝定都后，北京成为全国的政治中心，由于物资运输需要，元政权重新疏浚了京杭大运河，但当时南来漕运物资通过大运河只能运抵通州，物资从通州至大都城只能依靠人推马拉，费时费力。为解决这一问题，主管漕运事务的郭守敬以积水潭为水源，在金代旧闸河的基础上开凿了通州至北京的水路，即今天的通惠河。由于通惠河直接和积水潭相连，使得南来的漕运船只可经过京杭运河和通惠河直抵京都，积水潭由此就成了京杭运河的终点码头和重要的货物集散地。频繁的物资集散促进了商业繁荣，积水潭码头集市遍布，商贾云集，也成为北京城内重要的商业中心。积水潭在元朝时除了是重要的商业中心外，还是重要的文化中心，积水潭周边风光秀丽，景色宜人，吸引了众多文人墨客，亦留下了大量的优美诗篇。

除了应用于漕运外，元朝还以什刹海水域为核心构筑了一个完整的水运系统。郭守敬在开凿通惠河时，为保证积水潭内有充足的水量，开凿渠道引西山、北山诸泉水至瓮山泊，再通过高粱河将瓮山泊水导引至积水潭。高粱河水在积水潭的最西端源源不断流入，郭守敬又在湖的东部和北部分别设立两个出水口以控制水位。其中北部的水口自积水潭北部东流，经今坝河流向通州温榆

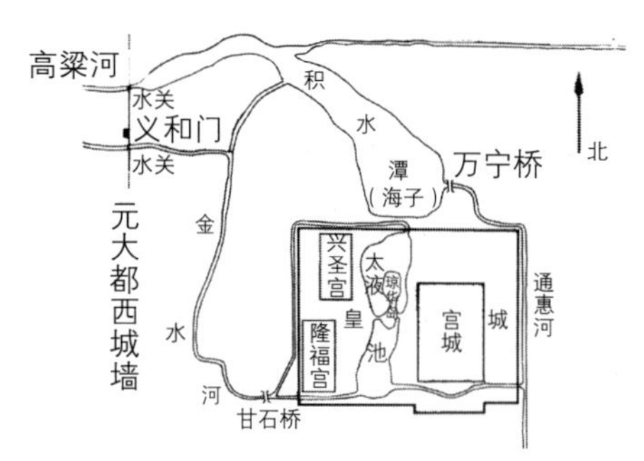

图1-5 宫苑布置的中心-太液池
（图片来源：作者自绘）

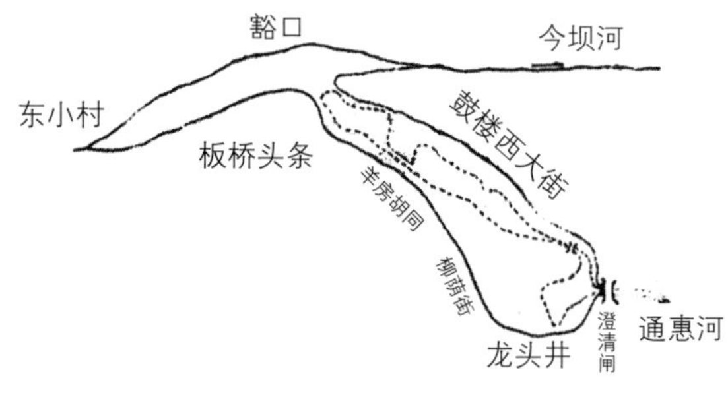

图1-6 元朝时什刹海水域范围（虚线为现什刹海范围）
（图片来源：李裕宏《当代北京水系史话》）

河，东部的水口经澄清闸过万宁桥入通惠河。为保证宫廷供给用水及水质，元朝隔断了积水潭南部水域和太液池的联系，在其间修筑土堤作为东西要道，并专门开辟了一条御河，从玉泉山引泉水经义和门（今西直门南水门），在太液池的南北两端注入池内。这条皇家御苑专用的引水渠道被命名为金水河（图1-7）。

积水潭之于元朝的意义非凡，对整个城市的贡献体现在多个方面①。首先，它为元朝提供了最初的建城依据，确定了全城的规划范围；其次，为皇家提供苑囿用水；第三，接纳西北山区的来水，为下游漕运河道通惠河提供水源。同时，作为漕运码头和整个京杭运河的终点站，积水潭周边南北货物往来频繁、商业繁荣、文娱活动鼎盛，积淀了深厚的文化底蕴。

（四）明朝时期的什刹海水系变迁

明攻占元大都后，驻军为便于防守，将元大都北城墙南退五里，在积水潭北部最窄处将其分为两部分。潭的西北角被隔在城墙以外，城墙以外的一部分又被一道土堤分为南北两部分，其中北部为一片湖泊，称为泓渟，即太平湖（现为地铁修理厂），南部为河道，即北护城河。为给城内积水潭供水，设计者在北护城河上开了一条渠道通向城内，渠道上建闸，名为铁棂闸，作为积水潭的总进水口，为保证河水能够正常流入积水潭，北护城河上还设有松林闸以抬高水位。积水潭的进水口处建有一个圆形小岛，水流从铁棂闸流出后沿圆形岛分两路流向湖内，形成了一个环形水流。小岛之上建有一镇水观音庵，以寓镇水之意（图1-8）。

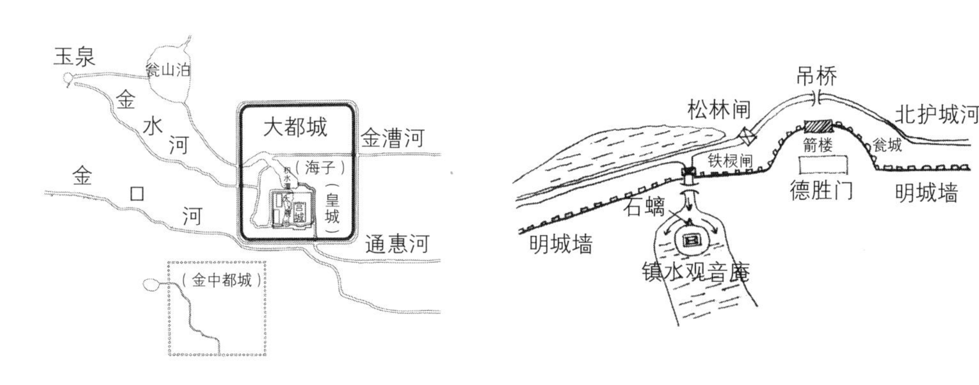

图1-7 元朝金水河
（图片来源：作者自绘）

图1-8 明时什刹海北部和北护城河
（图片来源：作者自绘）

① 吴文涛，王岗. 北京专史集成：北京水利史［M］. 北京：人民出版社，2013.

此后，积水潭水域又发生了巨大的变化。明成祖定都北京后，在太液池的南部开挖新湖，即现在的南海。南海挖成后，太液池就形成了今天的三海式布局，最北部为北海，中部为中海，南部为南海；北海与中海以金鳌玉蛛桥为界，中海和南海以蜈蚣桥为界，中海、南海紧密相接，又合称中南海，这三片水域在明代仍延续着“太液池”的称谓。这一时期太液池的水源金水河被废弃，为给太液池供水，积水潭和太液池之间被连通起来，连通处建西不压桥，下设闸门（西不压桥闸）以调节水量。明朝宣德七年，皇城墙从东、西两面分别进行扩建，通惠河上游的玉河被圈入皇城内部，大运河运来的物资只能运抵东便门的大通桥下，再通过陆路转运至京城，积水潭作为码头的地位随之丧失，水上船舶林立的景象犹如昙花一现，一去不返。

由于积水潭水源白浮泉流经明皇陵之前，被认为“有伤风水地脉”，遂被废弃。积水潭因此水源减少，水位下降，水面缩减，原来广袤湖泊渐渐缩成了三片小的水泊（图1-9）。三片水泊相交处分别建德胜桥和银锭桥，作为跨河的交通。三片水泊当中，德胜门以西的水泊被称为积水潭，中间的水泊被称为

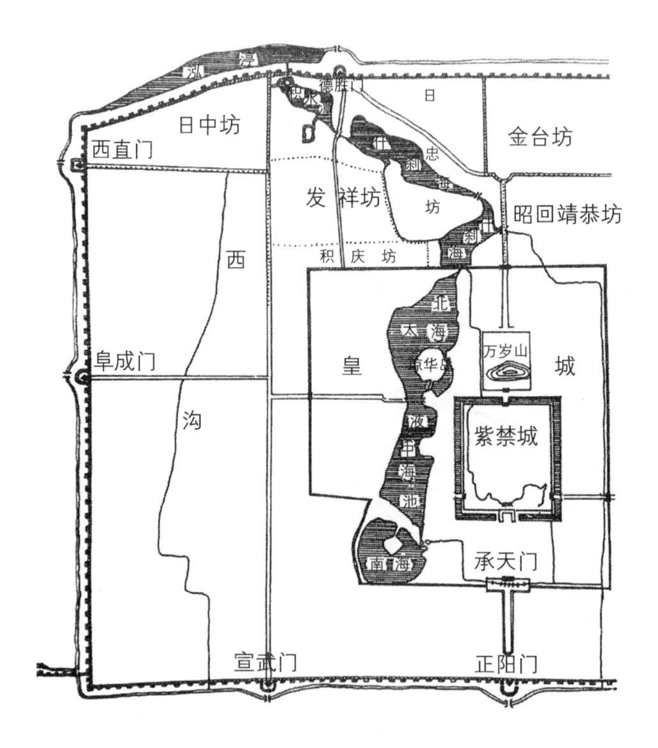

图1-9 明代中后期什刹海略图
（图片来源：侯仁之《什刹海志》）

什刹海（现在的后海），最南面的水泊因种满荷花而被称为荷花塘（现在的前海）。因什刹海入水量减少，为保证下游皇城内太液池的供水量，明朝在水泊西侧开挖了一条和中部水泊平行的水渠，水渠直接引积水潭（今西海）之水通向荷花塘，这条水渠因弯如月牙，也被称为月牙河，河上有海印寺桥、李广桥等桥梁。

（五）清朝至民国时期的什刹海

清朝以后，北京城建设的重点在城外，主要是西郊海淀附近皇家园林的建设。城内什刹海由于水源日渐干涸及上游河道年久失修，进水量减少，加之人口增加和人为填海，使得什刹海水面逐渐萎缩成一长条瘦窄的水面。清乾隆时期，曾多次对什刹海疏挖清淤。同时期乾隆宠臣和珅得势，和珅在什刹海后海西岸月牙河围绕的岛上修建府宅，并在什刹前海中部修了一道南北向的堤岸，将整个什刹海前海分为东西两部分，这样什刹海水域就由明时期的三片水域变成了四片（图1-10）。

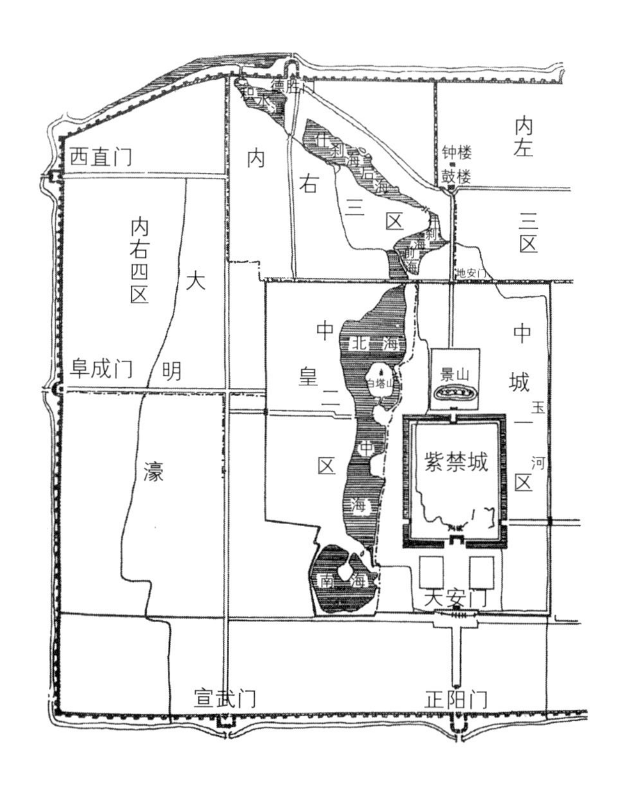

图1-10 清朝时期什刹海略图
（图片来源：侯仁之《什刹海志》）

在周边环境上，什刹海四周人口密集，文化活动一如前朝之繁华；在名称上，什刹海在前代的基础上，呈现出分地而名，实名相合的特点[①]。什刹海西北部（今西海）水泊曾名“积水潭”“西海子”，什刹海中部水泊（今后海）曾被称为“什刹海”“秦家河地”“后海”，什刹海南部水泊（今前海）被称为“莲花泡子”“什刹海”“前海”。

清朝灭亡后，由于政权更迭，军阀混战，北京城市发展陷入无序状态，什刹海也因疏于管理致使淤积严重，但其名称在此时期进一步明确定型。这一时期三片水泊由明时期的“积水潭”“什刹海”“荷花塘”之称演变为“什刹西海”“什刹后海”“什刹前海”，简称“西海”“后海”“前海”，什刹前海西侧的水泊称为“西小海”。据《故都变迁纪略》记载，“今名近地安门者为什刹前海，稍西北为十刹后海，最西北近德胜门者为十刹西海”[②]。此时期太液池的北部、中部、南部三片水域则改称为“北海”“中海”“南海”，中海、南海又合称“中南海”（图1-11）。

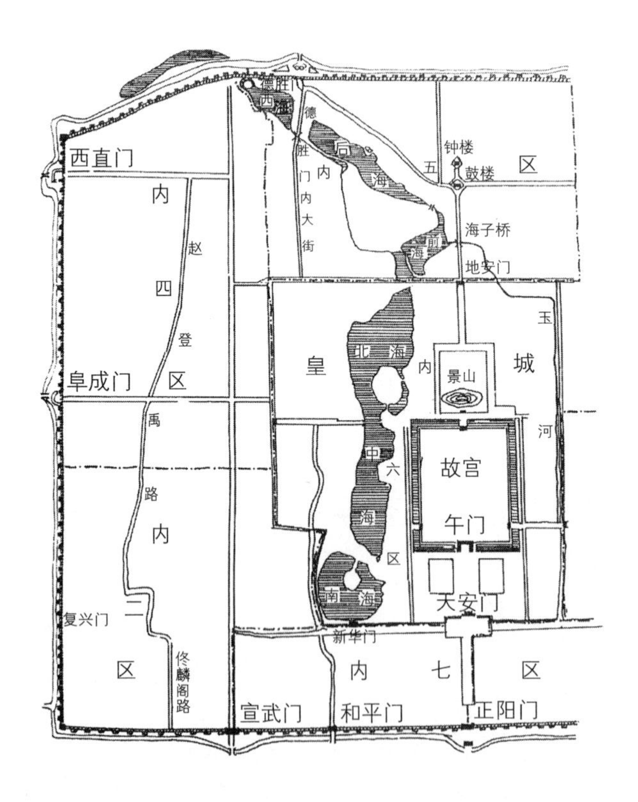

图1-11 民国后期什刹海略图
（图片来源：侯仁之《什刹海志》）

① 侯仁之. 什刹海志［M］. 北京：北京出版社，2003.26～28.

② 余棨昌（民）. 故都变迁记略. 北京：北京燕山出版社，2002.

（六）新中国成立后的什刹海

新中国成立后，对什刹海水域进行了大规模的清淤治理，修整堤岸，疏浚河道，什刹海杂乱差的环境得到根本的转变（图1-12）。期间月牙河被废除，建成了马路（即现在的柳荫街），什刹海西部的西小海被改为游泳池，后被填平改建为什刹海体校，古澄清闸被废除，改建成地安闸，闸下的通惠河被改成暗沟。此后，在拆除城墙、建地铁时期，什刹海西北部的松林闸和铁林闸亦被拆除，城墙外的太平湖在修建地铁的过程中被填平，改为地铁修理厂。什刹海进水口处的汇通寺被拆除，小岛被夷平，20世纪70年代后汇通寺得到重建，其内设郭守敬纪念馆，汇通寺下的小岛由原来的环形改为半环形。

这一时期什刹海周边环境也发生了较大的变化。首先，什刹海周边的王府宅舍在新中国成立后逐渐改为国家机关和名人居所。如恭王府被中国音乐学院占用，摄政王府为卫生部机关占用，其花园改为宋庆龄住宅，原太液池北部的北海在北京皇城墙拆除后也改为北海公园；其次，随着近几年旅游业的兴盛，什刹海逐渐变为北京的旅游胜地，游客穿梭，娱乐活动繁盛，僻静的后海和西海也渐渐地喧嚣起来，同时什刹海前海的酒吧慢慢变多，灯红酒绿，透着西洋

图1-12 解放军参加整治什刹海
（图片来源：什刹海研究会《什刹海九记》）

现代气息（图1-13、图1-14）；再次，在城市化的进程中，什刹海周边部分府宅院落被拆除或改建，逐渐被形式奇特的现代建筑取代，什刹海失去了原有的古朴风貌，和什刹海相关的景色，诸如“银锭观山”“荷塘赏月”等也消失殆尽。

总体上来看，在新中国城市化的进程中，什刹海水域治理取得了理想的成果，环境重新焕发出新的生机。但从填埋月牙河和西小海、周边古建筑风貌被破坏、水质恶化等诸多状况来看，一系列的措施反而损害了什刹海的环境，这一点值得深思。

二、自然条件

区域文化的形成离不开自然环境背景，什刹海作为北京水文化遗产最为密集的区域，其文化的形成和发展也离不开诸多环境因素的作用，如地理环境、河湖水系、气候等。

（一）地理环境

北京地处华北平原、东北平原和内蒙古平原交汇之处，西部和北部分别为太行山山脉和燕山山脉，东南部为华北平原，东距渤海150km，依山面海形势优越（图1-15）。范镇之在《幽州赋》曾作如此描述：“幽州之地，左环沧海、右拥太行、北枕居庸、南襟河济，诚天府之国”。北京地区整体地势西北高东南低，故流经北京的河流大都自西北流向东南，如潮白河、北运河、拒马河等。永定河早期也大体沿此流向斜穿今北京内城，其后永定河改道，遗留下的水泊成为什刹海水域的雏形，并为日后区域水文化形成发展提供了原始的水域环境。

从小的区域环境上看，什刹海地处北京内城西北部，毗邻皇城，是北京城区内最大的自然湖泊。整片水域由西海、后海、前海组成，三片水域一脉相连，并与北海、中南海相通（图1-16）。什刹海区域面积达146.7hm^2，其中水面面积为33.6 hm^2，约占总面积的23%。其四周范围向南以地安门西大街为界，延伸至地安门东大街，向东以地安门外大街为界，东北到鼓楼西大街，西至新街口大街。由于整片区域地处城市中心，自北京建城以来一直是城市最重要的社会活动中心和重要的自然风景区，也是北京城内风貌保存最完整、面积最大的历史文化保护区和水文化遗产区域，在整个北京城市规划中具有举足轻重的地位。

图1-13 什刹海风景区
（图片来源：作者自摄）

图1-14 什刹海酒吧
（图片来源：作者自摄）

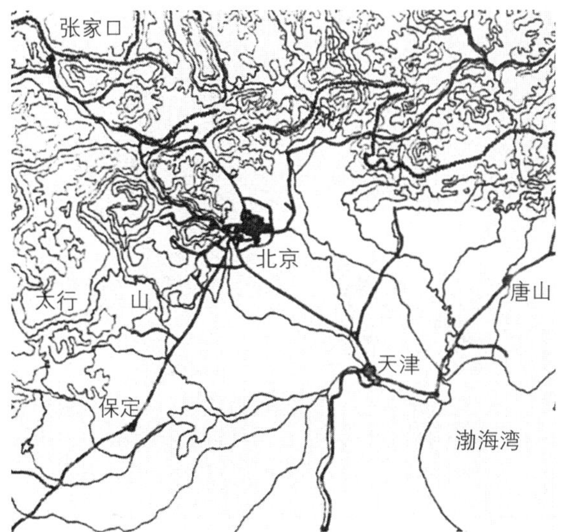

图1-15 北京地理环境图
（图片来源：陆翔、王其明《北京四合院》）

图1-16 六海相通
（图片来源：作者根据百度地图改绘）

（二）河湖水系

什刹海区域主要的依托水系为什刹海三海，除此之外，历史上什刹海周边还有几条分支河流，对区域环境有着重要影响。明朝时期，什刹海水面缩减，其周边曾产生了较多的河流水系，其中最著名的是月牙河（图1-17）。开凿月牙河是为太液池供水，月牙河源头为什刹海西海东端，河道东南流向，和什刹海后海平行，并转而通向前海，河上建有海印寺桥、三座桥、李广桥等。河道周边环境清幽，对周边居民生活有较大的影响，据说恭王府后花园池沼的水源就引自月牙河。除月牙河外，什刹海东南岸还有一条玉河，玉河是通惠河段的上游河段。元朝时曾是京杭运河的末端河道，每天过往商船络绎不绝，两岸店铺比邻，热闹非凡，宛如江南秦淮。通惠河上建有诸多桥及水闸，其中玉河段就有七八处，如万宁桥、东不压桥、平板桥、出水闸、老出水闸等。除河道水系外，什刹海周边还有众多的府宅园林，这些庭院居所大多都有溪流池沼，如著名的恭王府和醇王府中就有较大的水体池沼。这些小的溪流池沼较好地满足着居住者的审美需求，同时也改善了周围的人居环境，影响着人们的起居生活，和什刹海三海一起成为什刹海水文化的载体。

（三）气候条件

北京地处北半球中纬度地带，气候为典型的暖温带半湿润大陆性季风气候，夏季炎热多雨，冬季寒冷干燥，春、秋短促（图1-18）。年平均气温

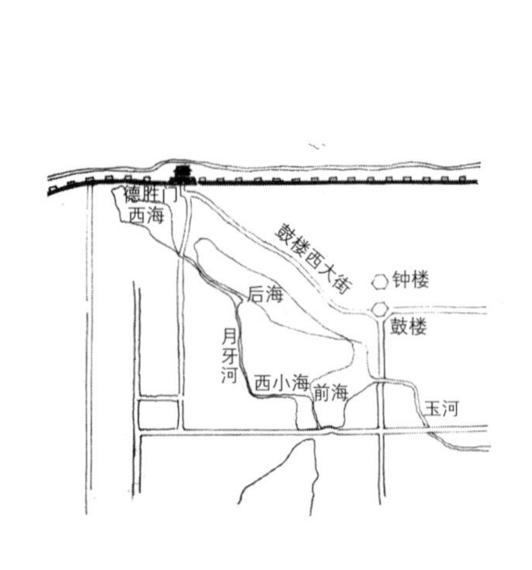

图1-17 清代什刹海周边水系状况
（图片来源：作者自绘）

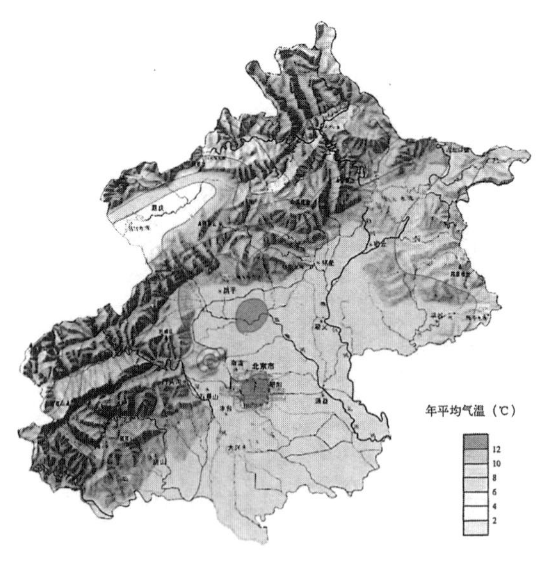

图1-18 北京年平均气温
（图片来源：业祖润《北京民居》）

为10～12℃，1月-7～-4℃，7月25～26℃，年平均降雨量为682 mm，其中70%～80%集中在夏季，7、8月常有暴雨。由于地理位置特殊，区域气候具有明显的地域特征，山前一带为多雨区，山后和平原南部地区为少雨区。

四季分明季风气候孕育了区域水文化，并使得区域水景和水文化民俗具有显著的季节特征。不同的季节特征赋予什刹海不同水景特色，如“春季杨柳拂岸”“夏季荷花涟涟”。《帝京景物略》中以“西湖春，秦淮夏，洞庭秋”[1]来赞美什刹海的季相变幻之神韵（图1-19）。这种季节特征对什刹海水文化风俗也产生着显著的影响，成为什刹海风俗文化的一个特色。如春季的春契，什刹海一直是北京文人喜游的春契之地，每至春初，游人三五成群纷纷前来什刹海，或在水边宴饮，或在岸边游憩。夏季气候炎热，什刹海水域辽阔，一直是古代浴象洗马的场所，每逢浴象洗马之时，无数百姓前来观望，热闹非凡。据《帝京景物略》卷二春场记载：“三伏日洗象，锦衣卫官以旗鼓迎象出顺承门，浴响闸。象次第入于河也，…观时两岸各万众”[2]，描写的就是明朝什刹海洗象的盛况。冬季时气候寒冷，什刹海冰冻三尺，就成了京城内滑冰的好去处，自清代时这一活动就十分盛行，上至王公贵族，下至黎民百姓，无不以滑冰为冬季最大乐事。

图1-19 什刹海夏韵（图片来源：陈高潮，谢琳《北国风光》）

① 刘侗，于奕正（明）. 帝都景物略：太学石鼓. 北京：北京古籍出版社，1983.
② 刘侗，于奕正（明）. 帝都景物略：卷二春场. 北京：北京古籍出版社，1983.

(四)区域生态

除了自然风光的优美，什刹海良好的水生态环境也对周边人们的生活产生着深远影响，渗透到人们的日常生活当中。《马可·波罗行记》中记载“后一坑蓄鱼类甚多，以供御食”[①]，其所指的就是太液池（今中南海）养鱼的情景。据《园综》记载：“积水潭水从德胜桥东下，桥东偏有公田若干顷，中贵引水为池，以灌禾黍，绿杨鬖鬖，…汪洋如海，俗呼海子套”[②]，又据《析津志》载：“厚载门，乃禁中之苑囿也，内有水碾，引水自玄武池灌溉花木，自有熟地八顷，内有小殿五所”[③]所描述的也是什刹海的水被广泛地用作生活和灌溉之用。至明清时，由于什刹海水面缩减，其周边产生了大量湿地沼泽，这些池沼一度被辟为稻田，《帝京景物略》中载：“德胜门东，水田数百亩，沟洫浍川上，堤柳行植，与畦中秧稻，分露同烟”[④]，这也说明历史上什刹海较好的生态状况。除此之外什刹海湖中遍植莲藕，环境清幽，风景如画，一直是北京城著名的风景胜地。

在植被方面，什刹海区域植被众多。岸边植物多为柳树、榆树、银杏等，水生植物有荷花、芡实等，其中湖岸的垂柳、水中的荷花是什刹海较为典型的景观。什刹海在金代时曾被称为“莲花潭”，正是由于湖内广植荷花而命名。垂柳与荷花交相辉映成为什刹海一道靓丽的景色（图1-20）。在历史上曾有很

图1-20 什刹海荷花（图片来源：作者自摄）

---

① 马可·波罗．马可波罗行纪．北京：中华书局，2012.
② 赵厚均．园综．上海：同济大学出版社，2004-1.
③ 熊梦祥（元）．析津志辑佚．北京：北京古籍出版社，1983.
④ 刘侗，于奕正（明）．帝都景物略：卷一三圣庵．北京：北京古籍出版社，1983.

多诗文对此描述，如清代李静山《北京竹枝词》有诗云：“柳塘莲蒲路迢迢，小憩浑然溽暑消，十里藕花香不断，晚风吹过步粮桥”。《燕京时岁记》也载：“凡花开时，北岸一带风景最佳，绿柳垂丝，红衣腻粉，花光人白，掩映迷离”[①]。

得天独厚的自然资源，优美的景色使得什刹海成为京城内最知名的自然风景区，明代名臣李东阳曾多次写诗赞叹什刹海秀美的风景，他在《慈恩寺偶成》诗中写道：“城中第一佳山水，世上几多闲岁华……”清代才子纳兰性德的名篇《金人捧露盘·净业寺观莲怀荪友》：“藕风轻，莲露冷，断虹收。正红窗，初上帘钩。田田翠盖，趁斜阳，鱼浪香浮。……”描写的也是什刹海一幅美不胜收的自然景色。

大的地理环境为区域水文化的形成提供了温床，水域辽阔的三海和周边池沼则为区域水文化的发展提供了载体，四季分明的气候特征在区域景观和风俗文化上留下了深深的烙印，区域水文化正是由这一系列因素共同孕育而成。

三、社会状况

什刹海由于地理环境优越，自元朝以来一直是北京重要的政治、文化、民俗活动中心，文化活动兴盛。浓厚人文氛围不仅为区域文化的发展提供了必不可少的社会环境，也和区域水环境相互作用，促进了区域水域文化的发展繁荣。

（一）政治氛围

自元朝始，郭守敬引西山诸泉至什刹海，将其作为京杭运河的终点码头，使什刹海一举成为交通要津和繁华市肆，同时什刹海距离皇宫较近，自然环境优美，因此吸引了众多官员和富商在其周边定居。

明朝时，朱棣迁都北京后，因扩建皇城城墙，将通惠河上游的玉河圈入皇城，致使漕运船只再也无法驶入城内，什刹海的码头地位由此丧失，由元朝的繁华市肆变成一个封闭宁静的水泊。水泊水质清澈，飞鸟翔集，渐渐地成为京城内宁静的自然风景区。此后明朝官员多居于此，区域风景园林兴盛，名园荟萃，并以西海湖畔最为集中。据清初《日下旧闻考》中记载：“有莲花社、虾菜亭、漫园、定园、镜园、定国徐公别业（太师圃）、刘茂才园、湜园、杨

---

① 富察敦崇（清）. 燕京岁时记. 北京：北京古籍出版社，1961.

园”[①]。其中太师圃是明代开国功臣徐达后人，世袭定国公的府园，《日下旧闻考》记载：“定国徐公别业，从德胜桥下右折而入，额曰‘太师圃’。前一堂，堂后纡折至一沼……”[②]。

什刹海周边除了有较多的园宅，还有众多的庙宇散布周边。什刹海湖畔环境清幽，明朝时是僧侣道徒营建庙宇的首选之地，众多寺庙散布于美丽的湖畔，与周围环境融为一体，其中有镇水观音庵（汇通祠）、莲花庵、十刹海寺、宏善寺、寿明寺、小龙华寺、广化寺、真武庙、清虚观、大藏龙华寺等，什刹海的名称据说也源于明代沿岸建有十座寺庙，故为“十刹海”（“十”通“什”）[③]。每当盛夏时节，荷花盛开之时，寺庙就成了游人赏花游玩的好地方，每逢节日寺庙也常举行法会活动，平日则晨钟暮鼓、梵呗悠扬，为什刹海平添了浓厚的宗教气息。

明朝灭亡以后，清朝定都北京，实行旗汉分居政策，汉人及其他少数民族被迁至外城，内城只允许旗人居住，什刹海区域被划归正黄旗辖区。由于大臣进宫递牌子主要集中在西华门，为方便上下朝以及随时觐见皇帝，满清官员和朝廷大员多会选择居住在皇城西侧[④]。这样位于皇城西北侧的什刹海区域就成了王公大臣居住的首选之地，原明朝什刹海沿岸的官员宅邸渐渐地为清朝王府所取代，这一变化为什刹海区域增添了许多贵族色彩（图1-21）。王府中比较有名的有柳荫街附近的恭王府、后海北岸的醇亲王府，除此之外还有成亲王府、庆王府、阿拉善王府、罗王府、涛贝勒府等，达官贵人的府第有：宋小濂的止

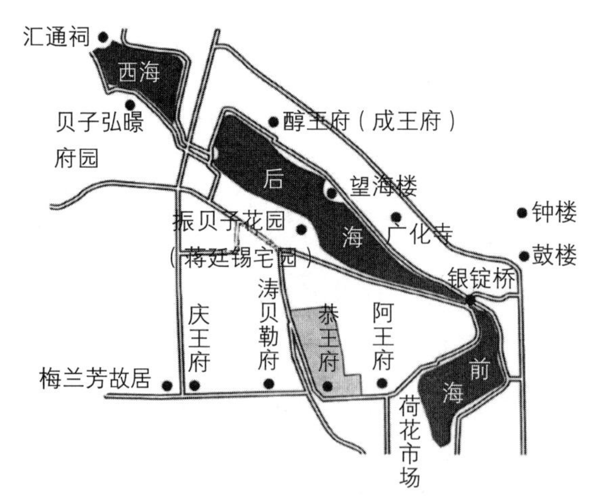

图1-21 什刹海区域可考名园古刹分布图
（图片来源：黄灿《萃锦园造园艺术研究》）

① 于敏中等（清）. 日下旧闻考：卷五十二. 北京：北京古籍出版社，1981.
② 于敏中等（清）. 日下旧闻考：卷五十三. 北京：北京古籍出版社，1981.
③ 张法. 什刹海与北京的文化记忆［J］. 中国政法大学学报，2012, 03: 82-88+160.
④ 杨大洋. 北京什刹海金丝套历史街区空间研究［D］. 北京建筑工程学院，2012.

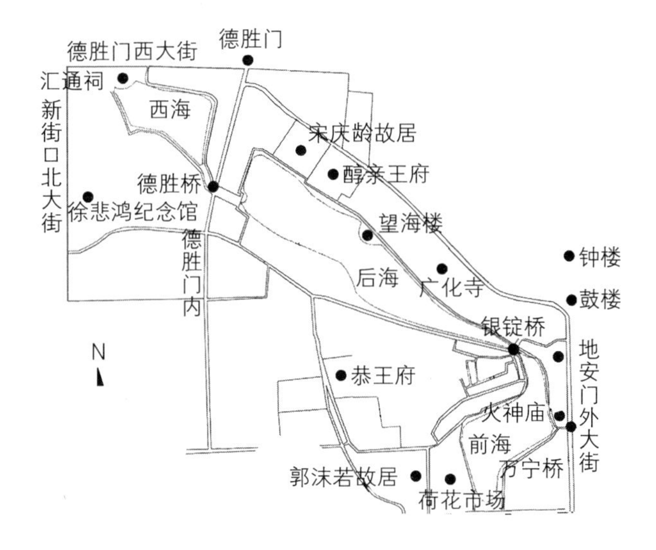

图1-22 什刹海周边现存名胜故居
（图片来源：作者自绘）

园、尹继善的晚香园、麟文瑞府邸、张之洞的可园等。

清朝灭亡后，军阀混战，政权更迭。由于疏于管理，什刹海水源减少，渐渐淤塞。周边寺庙逐渐荒僻，只剩下汇通寺和净业寺，王公子弟也纷纷变卖府宅，周边府宅院落逐渐变成了名人宅院，如宋庆龄故居、郭沫若故居、梅兰芳故居、吴冠中宅院、张伯驹故居、梁巨川故居。此外冯友兰、张岱年、杨沫、田间、张恒寿、常惠等也曾在什刹海附近居住过（图1-22）。

（二）人文活动

几百年来，什刹海因为地理位置优越，景色优美，不仅是历代官员首选的居住之地，也是京城文人重要的活动中心。

早在元朝时什刹海就是人文活动中心，文化荟萃之地，多有文人墨客前来游玩，如赵孟頫、施耐庵、关汉卿等，这些文人也留下了许多赞美什刹海繁盛的诗篇。诗人王元章有诗云："燕山三月风和柔，海子酒船如画楼。丈夫固有四方志，壮年须作京华游"[①]，描写的就是什刹海船舶林立的繁荣景象，元代黄仲文在《大都赋》写道："国学崇化，四方景焉；王邸侯第，藩以屏焉"，记述的则是什刹海另一番气象。明朝时期，什刹海转变为一个封闭风景区，周围宅院、庙宇林立，人文活动更为兴盛，文人雅士时有会聚，如明代文渊阁大学士李东阳、米万钟及诗人三兄弟袁崇道、袁中道、袁宏道等，文人之中最为知名的是生长在什刹海边的明代大学士李东阳，他描写什刹海的诗词多达数十多

① 汤念祺. 郭守敬和积水潭［J］. 海内与海外，2009，05: 38.

首。什刹海岸边还建有许多供文人墨客游玩赏景的亭社，如供欣赏的古墨斋、供游水集会的莲花社、供美食的虾菜亭等。由明到清，朝代更替，但什刹海风光依旧，人文活动有增无减，诸多文人在什刹海留下过足迹，如清朝著名的才子纳兰性德、朱彝尊、陈维崧、曾朴、陆润庠等。

清末民初，清代王公贵族逐渐没落，什刹海周边王府宅院也日渐衰败，什刹海少了几分贵族气息，多了几分平民化色彩，渐渐成为社会文人雅士居住地。这一时期什刹海岸边酒楼茶社也逐渐增多，如天香楼、庆和饭庄、会贤堂、清音茶社等，其中会贤堂最为知名。会贤堂原为清光绪年间礼部侍郎斌儒的私第，后来渐成文人雅士聚集之地，大门的马头墙上挂有"会贤堂饭庄"的铜牌，大门的门簪上书"群贤毕至"四个字，主顾多为王公贵族、上层名士（图1-23）。辛亥革命时摄政王载沣曾在此讨论"军国大事"，五四期间，鲁迅、梁启超、王国维、胡适等常来此聚会，共商民族兴衰，京城几乎所有的名伶，如梅兰芳、王瑶卿、荀慧生、侯喜瑞等都曾在此演出过。

图1-23 会贤堂旧影
（图片来源：刘一达《带您游什刹海》）

（三）民俗经济

元朝定都北京后，都城的规划依据的是《周礼·考工记》中提出的"左祖右社，面朝后市"[①]的原则。什刹海位于皇城之后，自然成为集市应处之地，这从城市的功能布局上就确定了什刹海市井的繁华基调。自郭守敬主持开通通惠河之后，什刹海成为了京杭运河的终点码头和重要的货物集散地，南北往来货船皆在此吞吐，一时船舶如林、桅帆蔽水，商贾云集，"川陕豪客，吴楚大贾，飞帆一苇，经抵辇下"[②]。沿岸建有米市、面市、绸缎市、铁器市、珠宝市、鹅鸭市、果子市等，鼓楼附近更是热闹异常，商号云集，茶馆酒楼林立，南北客商聚集。什刹海湖面广阔，南北相通，汪洋如海，南北船只往来，丝竹管弦、灯火摇曳，宛如江南秦淮，一派繁华景象，正如元代文人黄仲文的《大

① 周礼·考工记.
② 于敏中等（清）. 日下旧闻考：卷六. 北京：北京古籍出版社，1981.

都赋》所描述“华区锦市，聚万国之珍异；歌棚舞榭，选九州之橄芬。”马可波罗曾盛赞元大都“繁华世界诸城无能与之比”①。

到明朝时玉河被截断圈入皇城，什刹海水面缩减，失去运河码头的地位，喧嚣的场面一去不返，转而变成了一个寂静的风景区。

图1-24 昔日荷花市场小吃摊
（图片来源：侯仁之《什刹海志》）

至清朝时，什刹海周边商业又渐渐兴起，由于漕运功能的消失和生活氛围的加强，商品的大宗集散没有了，取而代之的则是各种地方风味茶点小吃、饭馆酒肆、民间游艺和物美价廉的百货摊贩②。地区活动平民化、大众化，时有京韵京味的民间文艺演出。宗教活动、文化活动和商业活动结合在一起，出现了护国寺庙会和什刹海荷花市场。其中荷花市场就是民国初年由当时的京师警察厅在河堤（和堤）上开办的临时市场。每至夏季荷花盛开时，河堤上便聚集很多摊贩，出售小吃和茶水，荷花市场也渐成为了旧时京城黎民百姓喜闻乐见的游娱消遣之地（图1-24）。

区域水文化的形成发展一直伴随着什刹海水域的发展变迁。什刹海优越的地理位置、优美的自然环境为区域水文化的形成提供了得天独厚的自然条件。区域深厚的文化底蕴、浓郁的人文氛围和活跃的民俗活动，则为什刹海水文化形成提供了必不可少的人文因素。历史、自然、人文等因素相互作用造就了区域丰富多样的水文化，显著地体现在什刹海水利设施、园林景观、民俗活动、诗词歌赋等方面，成为什刹海区域文化的重要组成部分。

① 马可·波罗. 马可波罗行纪. 北京：中华书局，2012.

② 杨大洋. 北京什刹海金丝套历史街区空间研究［D］. 北京建筑工程学院，2012.

2

第二章

什刹海水文化遗产的类型及特征

什刹海水文化遗产是以什刹海水域为核心形成的多层次、多维度的文化复合体。区域水环境为水文化的形成、发展提供了基础和条件，实现了从物质到精神、精神到物质的文化双向影响[①]。这些水文化积淀在北京悠久的历史中，渗透到人们的日常生活当中，形成了类型多样、区域特征明显的水文化遗产。按照什刹海水文化遗产的性质和存在形态，可以将其划分为：河湖水系、水利设施、园林景观、祠庙碑刻及民俗活动等五大类型。

一、河湖水系

河湖水系水文化遗产是什刹海水文化遗产的核心物质载体，是区域文化遗存的连接纽带。除三片主体水域外，什刹海周边曾经分布着若干池沼河流，其中包括玉河、月牙河、西小海等。这些河湖水系与南部的北海、中海和南海构成了北京城市的水域格局，对区域环境产生着深远影响。一方面这些河湖水系本身蕴含着丰富的文化内涵，是重要的水文化遗产，影响着周边文化的演变；另一方面这些河湖水系满足着周边居住者的审美需求，改善着周围的人居环境，为什刹海相关文学和民俗活动的形成提供原始素材，促进了区域水文化氛围形成和发展。

（一）河湖水系水文化遗产的特征

1. 历史悠久

在北京众多河湖水系中，什刹海区域水系开发的历史最为悠久，其历史最早可追溯到东汉。东汉以前，什刹海水域为永定河故道，之后历经各个朝代的疏浚利用，形成如今的形态。金代时，什刹海区域水系得到了一定规模的开发。元朝营建大都城时，以什刹海为城市规划建设的中心，并以其为核心构建了完整的城市供排水体系。什刹海由此奠定了北京城市的规划格局，对北京城市的形成和发展有着深远影响，旧时北京曾有一句民俗谚语："先有什刹海，后有北京城"[②]，即是对什刹海之于北京重要作用的充分诠释。明朝时，什刹海水系发生了较大的变迁，规模较元代减小了很多，水利功能也逐渐衰退，但其仍在城市供排水体系中扮演着重要角色。此后，什刹海区域的河湖水系一直得到不断的治理完善。

---

① 谭徐明. 水文化遗产的定义、特点、类型与价值阐释［J］. 中国水利，2012,（21）: 1-4.

② 谌丽，张文忠. 历史街区地方文化的变迁与重塑——以北京什刹海为例［J］. 地理科学进展，2010，06: 649-656.

2．功能多样

金代时，什刹海景色优美，统治者最初在此修建离宫苑囿，作为娱乐休闲之用。后来为解决漕运，金代以什刹海为水源在其周边修建漕运河道，至此什刹海开始具有提供水源、调节水利的功能。到元代时，什刹海的功能更加多样，不仅被作为都城规划的中心，还是京杭运河的漕运码头，为漕运蓄水、提供水源，充当调节水库、集散码头的角色，从而成为都城内最重要的水利交通枢纽。便利的交通促进了周边商业的繁荣，优美的湖光景色吸引着众多文人雅士，这使什刹海逐渐成为元朝重要的商业中心和文化中心。之后的明清两朝，什刹海继续保持着活跃的人文活动，依旧是京城最重要的文娱活动中心。除此之外，什刹海在城市排水、涵养水分、改善区域小气候等方面也一直发挥着重要作用。

（二）遗产点简介

1．前海

前海位于什刹海最南端，是什刹海三片水域之一。辽金时什刹海三海与今北海、中海连成一片。元朝建立后，什刹海亦被称为积水潭，其南部的水域称为太液池（今北海和中海）。元末明初，什刹海上游水源减少，导致什刹海水面逐渐缩减为三片狭长的水域，其中最南端的水域即为现在的前海，因其水中遍植荷花，在当时又被称为荷花塘。每逢夏季荷花盛开之时，观荷之人络绎不绝，更有不少文人喜欢在岸边聚会，高谈阔论。前海岸边柳树众多，初春之际柳树绽苞新芽，春季微风轻拂水面，碧波涟涟，环海的垂柳婀娜轻舞，此景是著名的“西涯八景”之一，名为“柳堤春晓”。每到春季柳绿河开之时，文人墨客信步柳堤、踏青赏景、吟诗作画，亦有数首诗对此详细地描述：

海子诗

积水明人眼，蒹葭十里秋。
西风摇雉桀，晴日丽妆楼。
柳径斜通马，荷丛暗度舟。
东邻如可问，早晚卜清幽。

过什刹海偶占

一抹寒烟笼野塘，四围垂柳带斜阳。
于今柳外西风满，谁忆当年歌舞场。

清朝乾隆年间，乾隆宠臣和珅在月牙河和什刹海所围绕的岛上建置宅院（现为恭王府），在前海西侧修建一处南北向的堤坝，名为“和堤”。和堤将前海西部一片小的水域分割出去，分出的水域就是后来的西小海（现已被填，改建为什刹海体校）（图2-1）。清朝晚期，和堤演变为摊棚林立的杂货集市。据《天咫偶闻》记载：“东南为十刹海，又西为后海。过德胜门而西，为积水潭，实一水也，……然都中人士游踪，多集中于什刹海，以其去市最近，故裙履争趋。长夏夕阳，火伞初敛，柳荫水曲，团扇风清。几席纵横，茶客狼藉”[①]。

民国以后，和堤上的集市更加热闹，形成有名的“荷花市场”。后因战乱，什刹海日渐荒芜，失去往日之繁盛。新中国成立后，人民政府曾多次对什刹海进行疏浚治理，什刹海的人文活动日渐恢复（图2-2）。近年由于旅游开发过度，前海的酒吧变多，周围商业化气息对区域历史文化价值造成了较大损害。

2．后海

后海为什刹海中部水泊，其历史演变过程和前海大致相同。“后海”这一名称最早见于清代，在《道咸以来朝野杂记》中记载：“内城水局，属于西北隅。前为什刹海，水浅不能泛舟，多种莲花稻米为生涯。中为秦家河地，俗呼后海……水阔，然不甚深，可泛小舟”[②]。但“后海”这一名称在民国时才逐渐定型。

相比前海的繁华和喧嚣，后海由于远离城市中心，环境显得宁静而略带几分“贵”气，周边树木繁茂，名园、庙宇众多。清人震钧在《天咫偶闻》写道：“自地安门桥以西，皆水局也。东南为十刹海，又西为后海。过德胜门而西为积水潭……若后海则较前海为幽僻，人迹罕至，水势亦宽。树木丛杂，坡陀蜿蜒。两岸多名寺，多名园，多骚人遗迹”[③]。新中国成立后，后海区域经过一系列规划保护，周围王府、名人故居、知名胡同被重新修缮，焕然一新。后海现已成为北京最重要的文化遗产保护区之一，文化底蕴深厚（图2-3、图2-4）。

3．西海

西海位于什刹海西北部，自元朝时就是什刹海入水区，水泊向西接西水门，承接昌平白浮泉水，向东接坝河，分一支水流向通州。明朝建立后，将大都北城墙南移五里，什刹海西北部水域被隔于城外，称为泓渟，并与北护城河相连。此后什刹海水面也逐渐缩小，形成三海格局。西海西北角置有什刹海的

---

① 震钧（清）．天咫偶闻：卷四．北京：北京古籍出版社，1982．
② 崇彝（清）．道咸以来朝野杂记．北京：北京古籍出版社，1982．
③ 震钧（清）．天咫偶闻：卷四．北京：北京古籍出版社，1982．

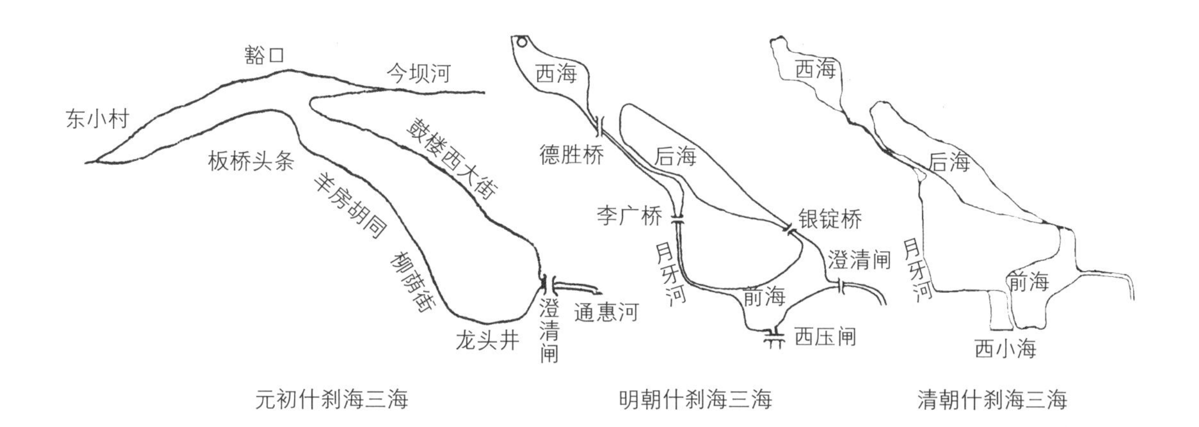

2-1
2-2 2-3
2-4

图2-1 什刹海三海水系变迁图
（图片来源：作者自绘）

图2-2 前海现状图
（图片来源：作者自摄）

图2-3 后海现状图
（图片来源：作者自摄）

图2-4 后海全览图
（图片来源：作者自摄）

入水口，水口处置铁棂闸与北护城河和泓渟相通，水口下游建有环形小岛，岛上有观音庵。水自水关流入，潆洄岛屿，淙淙清流，下注三海。清乾隆时期，曾多次对什刹海疏挖清淤，并将西海入水口处的镇水观音庵改为汇通祠，在汇通祠旁设乾隆御制诗碑和镇水石兽。民国时西海基本保持了明清时的格局，几无变化。至新中国成立后，由于城市建设之需要，水关和城墙俱被废除，城墙外的水泊被填埋，原出水口的庙宇和小岛也被夷平，什刹海周边府宅院落被大量拆除改建，西海处的人文古迹受到很大的破坏。所幸近年西海处的岛屿、祠庙又被复建，西海也得到了重新的疏浚和开发（图2-5、图2-6）。

在人文活动方面，由于靠近北城墙，西海离城市中心较远，环境幽僻，周边多宅院居所。虽没有后海和前海的热闹繁华，但西海的景色并不逊色，《燕都游览志》中曾描述西海“绿柳映阪，缥萍漾波，黍稷粳稻”[①]。西海因其形状似圆，每逢圆月之夜，洁白圆月倒映在湖中，形成优美的湖心映月之景，即著名的“西涯八景”之一“湖心赏月”。

4．玉河

玉河位于万宁桥东侧，以什刹海万宁桥为起点，经东不压桥，向南沿着皇城墙，穿过中玉河桥、南玉河桥最后到达前三门护城河。据历史资料记载，玉河最早开凿于金代，是金代运粮河道闸河与白莲潭相接的一段，后来由于水源缺乏，闸河常常涩滞，泥沼淤塞不能通舟。元朝时为解决漕运，郭守敬重新疏浚了闸河，即后来的通惠河，玉河段也成为通惠河的一段。

明朝宣德七年（1432年），皇城墙东扩，玉河流经皇城东墙的一段被圈入皇宫，玉河漕运功能丧失（图2-7），转而成为北京城区中部、北部排水的主干渠。后因水源减少，玉河水质恶化，逐渐演变成一条臭水沟。民国时曾将玉河改为暗沟，新中国成立后曾对玉河开展过大规模的修缮，不久又改成暗沟。由于玉河段是京杭大运河重要的河段，是京杭运河历史变迁及元明漕运历史的见证，具有极高的历史文化价值。2005年玉河被重新改造恢复，开辟成“玉河遗址公园”，并入全国重点文物保护单位“京杭大运河”中。改造工程恢复了东不压桥上游的河段，河道之上修建了雨儿桥和福祥桥，河道两侧增置绿化景观和休闲公园。改造后玉河重现生机，岸边碧水绿树相互映衬，两岸建筑风貌古朴，再现出旧时北京的古都风貌（图2-8）。

5．月牙河

明朝中期以后，什刹海上游水源减少，太液池水量供给不足，为给太液池

---

① 于敏中等（清）．日下旧闻考：卷五十四．北京：北京古籍出版社，1981．

2-5 2-6
2-7
2-8

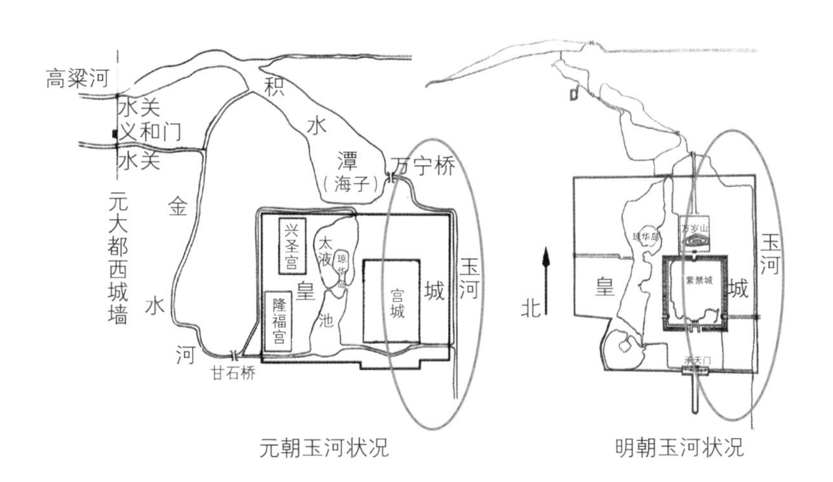

图2-5 西海现状图
（图片来源：作者自摄）

图2-6 西海全览图
（图片来源：作者自摄）

图2-7 玉河历史变迁图
（图片来源：作者自绘）

图2-8 玉河现状图
（图片来源：作者自摄）

供水，直接从德胜桥开挖了一条与什刹海后海平行的河流，河道沿今柳荫街、前海西街通向什刹海前海（图2-9）。此次月牙河开挖后，水流方向也由原来的后海流向前海变成前海流向后海，因此遂有“银锭桥下水倒流”一景。为调控水量，月牙河流进前海处有一水闸，名为“响闸”。因月牙河水位高，流进前海时落差大，水流落下时发出很大的响声，响闸由此得名，“西涯八景”之一“石闸烟云”指的就是响闸。对此有诗描写：

响闸（李东阳）

春涛夜忽至，汩汩溪流满。

津吏沙上来，坐看青草短。

集响闸（施闰章）

片雨城头送夕阳，池边楼馆受风凉。

潺潺流水管弦思，袅袅浮云荇藻香。

近浦雕栏齐系马，入筵雪鲙施烹鲂。

登临莫引江湖兴，杨柳河边似故乡。

旧时月牙河环境十分清幽，小溪清流、两岸古槐杨柳，月牙河环绕形成的水湾被称为杨柳湾。月牙河和前海、后海之间围合成一个岛，和珅曾在岛上建宅，据《天咫偶闻》记载：“恭忠亲王邸在银锭桥，旧为和珅第。从李公桥引

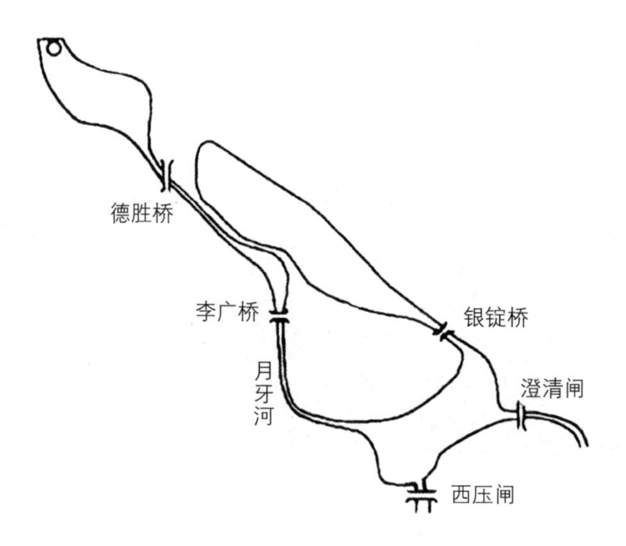

图2-9 明朝月牙河
（图片来源：作者自绘）

水环之，故其邸西墙外，小溪清驶，水声雪然。其邸中山池，亦引溪水，都城诸邸，唯此独矣”①。新中国成立后，北京市政府对什刹海区域进行大规模的清淤治理，在此次治理中，月牙河被改为暗渠，上铺沥青改建马路，称为李广街（现为柳荫街）（图2-10）。

图2-10 月牙河上街道柳荫街
（图片来源：作者自摄）

二、水利设施

水利设施是水文化遗产的主要物质形态，具有改变河流形态、塑造人居环境和景观环境的作用。水利设施工程主要包括水上交通设施、城市供排水设施、治污设施、城市防洪设施等，它们是古代水利思想和水利科技水平的集中体现，与人们生活密切相关。什刹海水利设施众多，其中水上交通设施包括：德胜桥、银锭桥、万宁桥、东不压桥、西压桥、李广桥；城市供排水设施包括：澄清闸、西压桥闸、松林闸、响闸和河堤等。这些水利设施不仅塑造了什刹海区域的河流形态，改善了区域人居环境，而且对区域人文景观也有较为显著的影响。例如银锭桥的“银锭观山”景观，是著名的“燕京小八景”之一，历史上曾有较多的诗词对此描绘。

（一）水利设施水文化遗产的特征

1．见证历史

水利设施水文化遗产是人类水事活动的遗存物，带着特定历史时期的烙印。什刹海区域的水利设施水文化遗产见证了什刹海水域治水的历史，是区域历史文化的重要载体。一方面这类水文化遗产记录了区域河流的变迁和区域水利活动的历史；另一方面这类水文化遗产体现了古代水利事业的发展水平和当时社会的经济状况、艺术审美与文化特性，并折射出社会政治理念、文化价值观和哲学思想。例如万宁桥元代时曾作为京杭大运河的终点码头，是研究北京漕运历史的重要实物，桥体位于地安门外，正处于北京的中轴线上，与皇城天

① 震钧（清）. 天咫偶闻：卷二. 北京：北京古籍出版社，1982.

安门内外的金水桥遥相呼应，是我国古代城市中轴对称规划思想的重要体现。

2. 量多形美

什刹海区域的水利设施数量较多，分布密集，是北京水文化遗产主要分布区域。历史上区域存在11处桥闸水利设施，这些桥闸主要分布在前海与后海周边。由于历史原因，什刹海区域的桥闸大多消失，现仅遗留下万宁桥、德胜桥、银锭桥等六处。除数量众多外，什刹海桥闸大都造型优美，工艺卓著，展现出古代高超的建造技术与美工艺术，部分桥闸在北京众多水利设施中具有很高的代表性，如建于明朝的银锭桥，横跨前海和后海之间，是旧时京城著名桥梁之一。

（二）遗产点简介

1. 万宁桥

万宁桥又称永定桥、后门桥、海子桥，桥体始建于元代。元大都建立后为解决漕运问题，郭守敬曾主持开凿通惠河，在通惠河与积水潭连接处建万宁桥，因此万宁桥成为了积水潭的入口，是漕船要进入积水潭的必经之处，地理位置十分重要。元代时万宁桥附近商肆林立，画舫云集，一派繁华景象，周边风景优美，人文活动活跃，万宁桥也成为古代文人用诗文描述最多的桥梁。元代杨载曾有诗曰："金沟河上始通流，海子桥边系客舟。却到江南春水涨，拍天波浪泛轻鸥。"明代胡俨对此曾写道："浩荡东风海子桥，马蹄轻蹴软尘飘。一川春水冰初泮，万古西山翠不消。"明朝时，由于通惠河上游玉河被圈入皇城内，大运河的终点码头移至皇城外的大通桥下，万宁桥下的通惠河段遂被废弃，万宁桥的地位为大通桥取代。

图2-11a 古万宁桥

（图片来源：冈田玉山《唐土名胜图会》）

关于万宁桥的结构，据相关文献记载，万宁桥元代时为三孔石拱桥，桥体高拱，桥洞的高度、宽度均满足桥下漕运船只的航行，这在日本人编著的《唐土名胜图会》中有所描绘[①]（图2-11）。明朝时，万宁桥曾被局部地维修和点缀，主要是增添了桥下的五尊镇水石兽和"北京城"三字石。清朝和民国期间，万宁桥基本没有发生较大的变动。20

① 张必忠. 万宁桥——北京城的奠基石［J］. 紫禁城，2001，02: 4-8.

图2-11b 万宁桥历史图片
（图片来源：北京市规划委员会《北京中轴线城市设计》）

图2-12 万宁桥现状图
（图片来源：作者自摄）

世纪50年代，受城市建设的影响，万宁桥受到了严重的破坏，石桥面上铺设沥青，桥身下部被填埋。近年来，万宁桥所蕴含的历史文化价值逐渐受到重视，被列为北京市文物保护单位，毁坏的栏板得到了保护修缮，两岸河道也重新被疏通，昔日残破的万宁桥又重现生机。现桥体结构为汉白玉单拱石桥，长宽各10余米，桥两侧置有雕刻莲花宝瓶图案的汉白玉石护栏，古朴粗拙，桥面用板石砌筑，略微拱起（图2-12）。

《唐土名胜图会》中描绘的万宁桥桥拱为三孔，拱洞高耸，坡度较大，和现在万宁桥的结构有很大的差别。

2. 银锭桥

银锭桥位于什刹海前海和什刹海后海的交汇处，始建于明代。桥为南北向的单孔石拱桥，因外形如银锭状而被称为银锭桥，桥面两侧各有镂空的花栏板五块，之间以翠瓶卷花望柱相隔，桥拱一侧刻有原故宫博物院副院长单士元的“银锭桥”三个楷体题字。

银锭桥地理位置优越，周围风光旖旎，自古以来就是什刹海一处知名的景点，明代文人李东阳曾盛赞此地为“城中第一佳山水”。据清代《日下旧闻考》记载：“银锭桥在北安门海子桥之北，此城中水际看西山第一绝胜处也。桥东西皆水，荷芰菰蒲，不掩沦漪之色”①。关于银锭桥的美景莫过于“银锭观山”和“海水倒流”。其中“银锭观山”被誉为著名的燕京小八景之一，因银锭桥地处两海交接处，视野开阔，站在桥上往西望去，就可以隐隐约约地看到峰峦起伏朦胧的西山景色。“海水倒流”，则是因为明代时西海里的水并不直接通向后海，而是通过月牙河直接流向前海，再经前海流向后海，由于前海水位高于后海，遂形成前海之水倒流入后海的奇特景观。民间对此奇观则有“银锭桥下水倒流”的称谓。历史上曾有众多的文人墨客描写过赞叹银锭桥景色的诗，如清代吴岩《沿银锭河堤作》中写道：“短垣高柳接城隅，遮掩楼台入画图。大好西山迎落日，碧峰如嶂水亭孤。”清代诗人黄钊的《帝京杂咏》写道，“银锭桥连响闸桥，湖光山色隐迢迢。碧峰一寺夕阳下，月光荷花通海潮”。

新中国成立后，在20世纪70年代的什刹海改造工程中，月牙河被填埋，西

图2-13 银锭桥现状图（图片来源：作者自摄）

① 于敏中等（清）. 日下旧闻考：卷五十四. 北京：北京古籍出版社，1981.

海的水改道直接流向后海，银锭桥“海水倒流”的奇观不复存在。近几年，什刹海周围高楼林立，遮挡了银锭桥通往西山的视线，“银锭观山”的美景最终成为回忆（图2-13）。

3. 德胜桥

德胜桥位于现什刹海西海和什刹海后海交汇处，桥西为西海，桥东为后海。在元朝时，西海和后海原本相连在一起，为一片水泊，后因水位下降，湖面萎缩，两片湖泊相接部分慢慢变窄，遂以木桥相连，至明代时改为石桥，桥因接近德胜门遂命名为德胜桥。历史上德胜桥结构原为拱形单孔穹窿形石拱，桥下置闸，具有防洪、治污、排水功能，桥面两侧为石栏板。至民国时，陡峭的拱形桥面被改为平缓的桥面，桥面上增设步行道。1943年时石栏板被改成城砖砌筑的宇墙式栏板，东西两侧各设望柱6根（图2-14），其后，区政府对什刹海实施疏浚工程，在德胜桥上下游两岸修筑石块护岸，并对桥体进行全面的修缮，1989年时，德胜桥被列为西城区文物保护单位。

明清时，桥东侧曾有大面积稻田，清代有记载称“稻田八百亩，以供御用，内官监四十人领之”①，两侧水面“缥萍映波，黍稷粳稻”②，一派江南绮丽风光，吸引大批的文人权贵在此修宅筑府。明陆启浤在《德胜桥水次》中写道：“谁识此涵碧，喧城忽渺然。湖间虚失岸，柳外野疑田。荷老秋生气，云兴晚作天。非缘尘不到，自不与尘缘”。当时什刹海水量较现在充裕，德胜桥下水位很高，接近桥洞顶，过往船只到此处，须人下船后，让船空载才能通过桥。

图2-14 德胜桥现状图（图片来源：作者自摄）

① 陆启浤（明）. 燕京杂记. 吉林：吉林文史出版社，1991.
② 于敏中等（清）. 日下旧闻考：卷五十四. 北京：北京古籍出版社，1981.

至民国时，此处环境亦很清幽。现在由于什刹海水面缩减，桥下涓涓细流，水势已难比昔日，景色相比过去也逊色许多。

4. 西压桥

西压桥位于地安门西大街与前海及北海交接处，又名“西步粮桥”。元朝时什刹海前海和北海之间并不相通，而是隔着一条河堤，明朝时河堤被疏通，两湖连接的通道上建置桥闸。最初桥为木桥，后改为石拱桥，桥南北两侧的拱券上雕有石刻吸水兽，水兽造型各异，雕刻年代亦不相同，石刻下有莲花图案，雕刻精美，桥下有闸控制前海流进北海的水量，后因皇城北墙扩建，一段皇城墙正砌筑在桥的南侧，此桥由此得名“西压桥”，并和其东侧的东不压桥相对应。据《京师坊巷志稿》载：“地安门外西城根有一西步粮桥，俗称西压桥，以皇城跨其上也”[①]，《顺天府志》中也记载“西步粮桥，俗称西压桥，以皇城跨其上也，玉河水由此入西苑”[②]。民国时，为改善交通，皇城墙被拆除，西压桥桥面被拓宽，成为城内东西往来的重要道路。20世纪70年代时，石拱桥的拱券被拆除，桥面被改为马路，桥下明水改为暗沟，桥址北侧又新建了一座双孔石拱桥，以方便行人交通，桥上安置仿古石望柱和护栏板，桥下设有水闸，节制北海入水量（图2-15）。

5. 东不压桥

东不压桥现位于东城区地安门东大街西侧。桥最初建于元代，为单孔石拱桥，桥北建有澄清中闸。东不压桥横跨玉河之上，进入通惠河的船只都经过桥下，是玉河上的重要桥梁。明永乐十五年（1417年），皇城北墙扩建，城墙压在前海和北海之间的西步梁桥上，故西步梁桥又俗称“西压桥”，而其东侧玉河上的桥因与皇城有一段距离，皇城墙未从桥上经过，故桥称为东不压桥。民国年间，为解决交通问题，皇城北墙被拆除。新中国成立后，因玉河水质恶化，玉河被改成暗渠，东不压桥的桥基被埋于地下，后来在修建平安大街过程中，此桥址被重新挖出。在2005年时，玉河遗址被重新挖掘，改成玉河遗址公园，东不压桥作为玉河的一部分也得到恢复重建（图2-16）。

6. 澄清闸

早在金代时，白莲潭的东南侧就建有水闸，用来节制水流以灌溉农田，这可能就是什刹海最早的水闸。到元代开发积水潭时，为给通惠河提供漕运用水，在原金代白莲潭东闸处重新修建一座水闸和桥，即后来的澄清上闸和万宁

---

① 朱一新（清）. 京师坊巷志稿. 北京：北京古籍出版社，1983.

② 万青黎等（清）. 光绪顺天府志：卷七. 北京：北京古籍出版社，2001.

2-15
2-16

图2-15 西压桥现状图
（图片来源：作者自摄）

图2-16 东不压桥现状图
（图片来源：作者自摄）

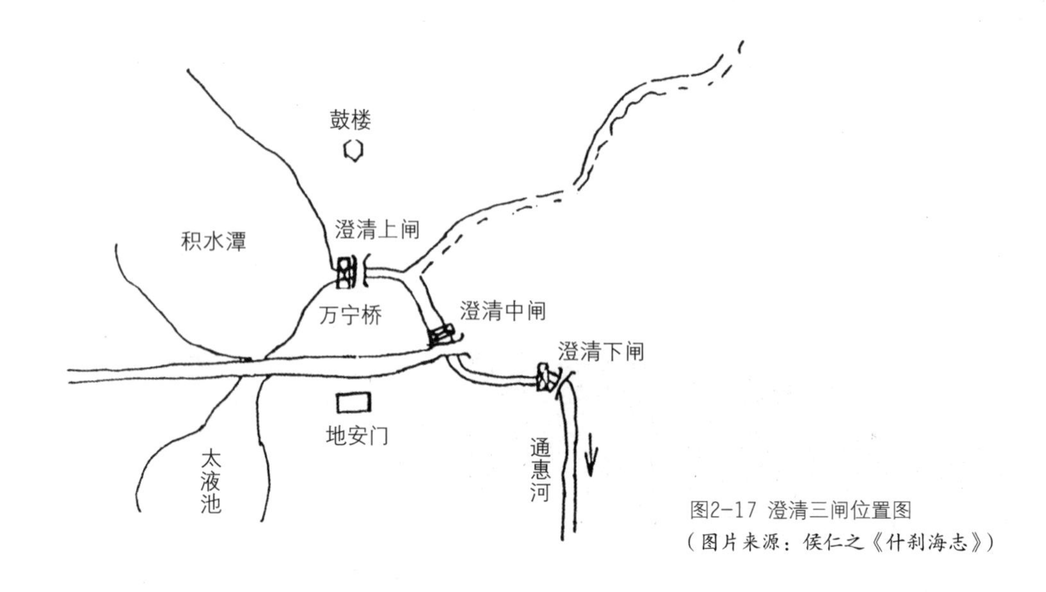

图2-17 澄清三闸位置图
（图片来源：侯仁之《什刹海志》）

桥，为节制水流保证玉河航运船只的通行，澄清闸下游还增置了两座新闸。这三座闸自上而下分别命名为澄清上闸、澄清中闸和澄清下闸（图2-17），其中澄清上闸在明清时又常被称为澄清闸。澄清上闸位于万宁桥以西，是什刹海东南出水口的第一道闸，位置十分重要。澄清中闸位于今东不压桥位置，地安门东大街和玉河交接处，《析津志》中云："丙寅桥中闸，有记。酒务桥光禄寺。流化桥酒坊桥，中正院属，即典饭局"①，其中丙寅桥中闸即澄清中闸。澄清下闸位于今北河胡同东口和水簸箕胡同北口的石桥处，据《析津志》记载："望云桥，在后门东，今澄清下闸"②，其中后门为元皇城的厚载后门，及清朝的地安门。

明朝时，玉河被圈入皇城内，澄清三闸就逐渐地废弃了。20世纪50年代时，玉河改造，澄清闸也被埋入地下。近年随着玉河遗址的恢复，万宁桥得以修缮，但澄清中闸和下闸却难寻踪影，仅存万宁桥以西澄清上闸的遗迹（图2-18）。

三、园林景观

由于环境优美，人文荟萃，什刹海区域从古至今都是京城内筑邸置园的首选之地，历史上什刹海周边名园府邸众多，造园活动兴盛。受周边地理环境的影响，这些苑囿不仅具有深厚的建筑文化和园林文化内涵，而且还具有显著的

①、② 熊梦祥（元）. 析津志辑佚. 北京：北京古籍出版社，1983.

图2-18 澄清闸现状图
（图片来源：作者自摄）

水文化特色，也属于什刹海水文化遗产的重要组成部分。什刹海园林景观水文化遗产具有较高的艺术价值，它不仅融合水景观和建筑景观，而且兼具江南园林的秀巧与北方园林格局的规整，形成了别具特色的水景风格和园林景观特色。

（一）园林景观水文化遗产的特征

1. 水文化特色

受区域水环境的影响，什刹海周边府宅园林在构筑时大多开池引水，构置水景观，形成以水为主体的景观特色。在园林修筑时，为将什刹海优美的湖光山色引进院内，修建者往往会采取借景、框景、改变建筑朝向等各种手段，使什刹海的水域风光融入院中，形成院内院外相互交融的景观特色。这些园林景观不仅具有较高的观赏价值，为诗词歌赋的创作提供素材，同时也改善着局部小气候，显著地影响着居住者的生活。

2. 景观品质高

这些府宅苑囿多为王公大臣兴建，他们凭借特殊的权势和地位，网罗顶尖的能工巧匠，修建了代表当时建筑工艺、园林工艺最高水平的宅院。例如中国末代皇帝爱新觉罗·溥仪的父亲醇亲王载沣的府邸花园，院内景观以山水为主体，湖水环绕，山石嶙峋，树木苍翠。花园极具艺术特色，艺术价值较高，被誉为清末京城“四大府邸花园”之一。

3. 区域影响大

这些园林由于规模大，数量多，往往主导着区域景观的天际线，并以其古朴的风貌，控制着区域的城市空间格局。同时这些景观园林历史悠久、文化深厚，是区域文脉的载体和区域文化的主要影响因素，通过研究其建筑空间文化的演变，可以窥探出整个区域文化的特色和文化发展演变的脉络，这对于城市规划与建筑遗产保护都具有重要的借鉴意义。

（二）遗产点简介

1．萃锦园

自金代始，什刹海周边就建有供金主休闲游玩的离宫别苑，一直到民国，什刹海周边的建园筑邸活动十分兴盛，什刹海区域也成为京城府邸苑囿最为集中之地。这些散布在什刹海周边的宅邸园林大都历史悠久，其中最为著名的当属恭亲王府的后花园——萃锦园。

萃锦园为恭亲王府的后花园，位于后海以西，毗邻柳荫街，其修建的历史最早可追溯到清朝乾隆年间。恭亲王府原为乾隆宠臣和珅之宅邸，和珅被嘉靖皇帝查处后，和宅被赐予庆王永璘，宅第和花园基本上未发生改变。至清朝末期，庆王府邸被赐予恭亲王，府宅改称“恭王府”，现萃锦园形制和规模即在恭亲王时期形成。花园南北长约150m，东西宽170余米，全园占地面积2.8万m^2。院落分为东中西三路，三路各具特色（图2-19）。由于恭亲王较高的权位，得到皇帝特殊批准引水入园，因此花园虽地处北方，但园内却有多处水景点缀。通过多样的理水手法，以及对水的巧妙引导和设计，园中水景完美地展现了水的静谧之美和灵动活泼之美。园中水景主要有“蝠池”、“滴翠岩”、“方塘水榭”。蝠池位于中路安善堂之前，池塘因形似蝙蝠，故称之为“蝠池”，“蝠”音通“福”，以寓吉祥之意。滴翠岩位于安善堂之后，是萃锦园中著名的水景，水景由一座假山和水池组成，假山上置有两个水缸，缸内盛水，缸底有孔，每逢夏秋，缸内的水顺山岩而下，石壁之上布满青苔，形成一幅苍翠欲滴的生态壁画①。方塘水榭位于西路院落，是西路庭院的主体景观，景观主要由一个较大方形的水塘和池塘中心的亭子组成。方塘水面面积虽小，只占全园面积的5%，但正处院落正中间，水面宽敞明净，和周边静幽狭小的空间形成鲜明的对比，空间开合有致，配合得恰到好处。萃锦园建成后成为京师百座王府之冠，是北京现存王府园林艺术的精华所在（图2-20）。

2．宋庆龄故居

宋庆龄故居地处后海北沿，建于康熙年间，最早为大学士明珠的花园，号

① 黄灿．萃锦园造园艺术研究［D］．北京林业大学，2012．

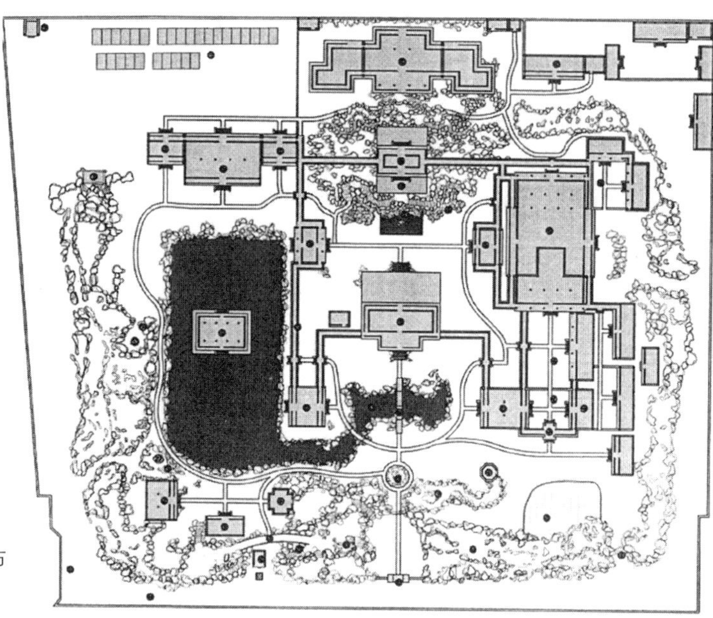

花园共分三路，东路以庭院为主，由竹子院、芭蕉园等院落组成。中路院落中轴线明确，建筑自前至后依次为安善堂、绿天小隐、蝠厅。西路以水景为主，方塘水榭位于全园中心，秋水山房、妙香亭等建筑景观散布其周边。

图2-19 萃锦园晚清鼎盛时期复原平面图
（图片来源：黄灿《萃锦园造园艺术研究》）

图2-20 萃锦园现状图
（图片来源：作者自摄）

称“明珠西园”，又名“渌水院”。明珠长子纳兰性德也居于此园。纳兰性德，原名成德，字容若，有满族第一词人之称，其为人侠义，交友皆一时俊彦，纳兰性德时常邀请好友在渌水院聚会，饮酒唱和，渌水院也因文人云集而闻名于当世。乾隆时，宠臣和珅得势，宅院为和珅霸占。嘉庆四年，和珅霸占的明珠花园被嘉庆皇帝赐予其兄成亲王永瑆，并特许永瑆引后海玉河之水入院，为此永瑆特地在园中廊桥上建一亭，命名为“恩波亭”，以示“皇恩浩荡荫及水波”之意。清光绪元年（1875年），永瑆之宅被转赐于光绪皇帝的生父醇亲王奕譞，其后清末溥仪（1906～1967年）入继大统，其父载沣为醇亲王之子，任监国摄政王。原成亲王府就成为声势显赫的醇亲王和摄政王载沣的府第，醇亲王府花园也称摄政王府花园（图2-21）。民国后，醇亲王府被变卖，一度成为校舍。新中国成立后，府邸为卫生部机关占用，花园被改为国家副主席宋庆龄居所，宋庆龄去世后，花园改为“中华人民共和国名誉主席宋庆龄同志故居”，并对外开放。

花园整体为长方形，总体面积占地约40亩，园中山水环绕，亭榭相间，环境十分优雅。庭院四周有人工夯土而成的土丘，土丘脚下东西南北各有水渠环绕，其中南部水面面积较大，称之为南湖，南湖和四周水渠环绕着一片建筑群，是院内主要的活动区。花园中心建筑群主要由东西两组建筑组成，建筑群四面水渠环抱，山水环绕，意境安适幽静。花园改为宋庆龄居所后，经历了较大的变动，原大戏楼及其东西厢房被拆除，楼前方建大草坪，并设旗杆，这些变动为花园引入了西方园林要素（图2-22）。

整体上花园布局精心得当，空间层次分明，曲折错落，古木蔽日，山光水影，意境幽深，充分展现了古典园林的造园技巧。花园既有贵族花园的典雅，又有江南私家园林的秀美，同时兼有中西方园林特色，具有很高的艺术价值。花园在醇亲王时代即为京城知名花园，即使到现在也不失为一处园林的典范之作。

3. 棍贝子府花园

棍贝子府花园为棍贝子府一部分，棍贝子府原为诚亲王允祉之府邸，允祉为康熙三子，其府邸原位于官园胡同。诚亲王于雍正六年被革爵治罪，其位于官园的府邸被改赐慎郡王。雍正八年（1730年），诚亲王复爵，在西海南岸今积水潭医院处新建府邸，即为棍贝子府原型。《啸亭续录》载：“诚亲王旧府在官园，今为质亲王府，新府在蒋家房”[①]。王府后为诚亲王七子弘暻继承，弘暻被封贝子，故此府又称为固山贝子弘暻府。嘉庆年间（1798年），此府被赐予

① 昭梿（清）. 啸亭续录. 北京：中华书局，1980.

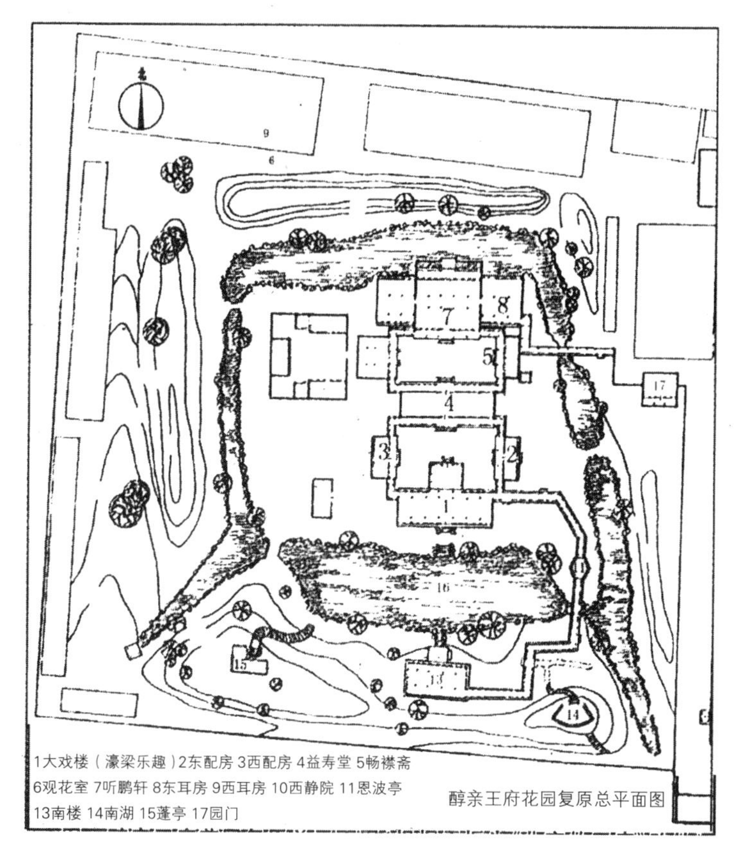

花园主要分为南北两部分，南部湖区主要为游玩赏景之用，湖区以南楼为中心建筑，北部分以建筑群为主，是花园的休憩娱乐区。南北两部分以恩波亭和廊桥相连，既有明确的区分，又有紧密的联系。

2-21
2-22

图2-21 醇亲王府花园复原总平面图
（图片来源：李卫伟《北京醇亲王府花园探析》）

图2-22 宋庆龄故居现状图
（图片来源：作者自摄）

庄静固伦公主，并特许引什刹海之水入园。《京师坊巷志稿》载："贝子玛尼巴达拉，尚仁宗四女庄静公主，道光八年赏郡王衔。旧引玉河水入府中，云系当年赐公主者。城中引水独此及成邸耳"①。光绪年间，庄静固伦公主曾孙棍布札布袭贝子，自此府邸被称为棍贝子府，名称一直沿用至民国。新中国成立后，府园被改建为积水潭医院，府邸建筑大部分被拆除，而花园则被较好地保留了下来，改成医院花园。1989年，花园被列为西城区文物保护单位。2005年，积水潭医院对花园进行了保护性整修。

史载诚亲王"善工绘，通律历"，文学素养很高，是清代著名学者，府园营造之初，诚亲王十分注重宅院园林意境的营造，这也为府园优雅的意境奠定了基础。府园整体格局在诚亲王之子弘暻居住时期形成，据乾隆时期《京城全图》标绘的图样可以看出，整座府宅东起水车胡同，西邻光泽胡同，北抵积水潭南岸，规模很大。府园分为东西两部分，西为府邸，东为花园。花园以一片宽阔的曲池为中心，曲池两岸堆土筑山，亭榭散布。池南是花园南门，园门面向小院，小院设有正房和东西厢房。曲池东南有一假山，山上有一方亭，与曲池西北岸的水榭隔水相望。水池北部建筑群由多组院落组合而成，主要为王府府主及其家人生活居住场所。至清末棍贝子时期，府园的整体格局基本未变，期间花园南门处的几组院落被拆除，曲池北端土丘之上增建一座三间悬山水榭，园东西两侧依然分布着一些独立的院落和房屋②（图2-23）。整座府园格局疏朗，环境清幽，意境清逸，继承了明代园林的风韵，在京城王府中实为府宅园林的佳作。新中国成立后，府园改为积水潭医院，花园中曲池被改为"L"形，水池加装净化循环装置，有效地保护了花园的水体景观，但花园内亭榭大都被毁，树木苍翠也不及当年，花园清幽质朴之境一去不返（图2-24）。

四、祠庙碑刻

祠庙碑刻水文化遗产属于非工程形态的水文化遗产，与特定水利工程遗存不同，这类遗产通常是特定文化的标志，以水神及祭祀建筑、水利文物、碑刻、水兽、水的宗教信仰等形式存在，其外延文化影响力要比工程遗存本身大得多③。什刹海区域祠庙碑刻水文化遗产主要有镇水水兽、石碑、祠庙，如西海

① 朱一新（清）. 京师坊巷志稿. 北京：北京古籍出版社，1983.
② 贾珺. 北京西城棍贝子府园［J］. 中国园林，2010，01: 85-87.
③ 谭徐明. 水文化遗产的定义、特点、类型与价值阐释［J］. 中国水利，2012，（21）: 1-4.

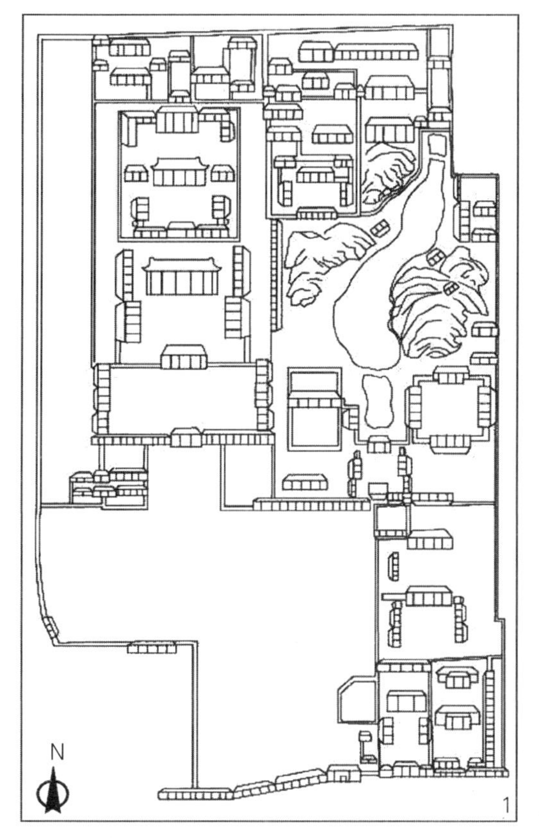

乾隆《京城全图》中的固山贝子弘暻府全图

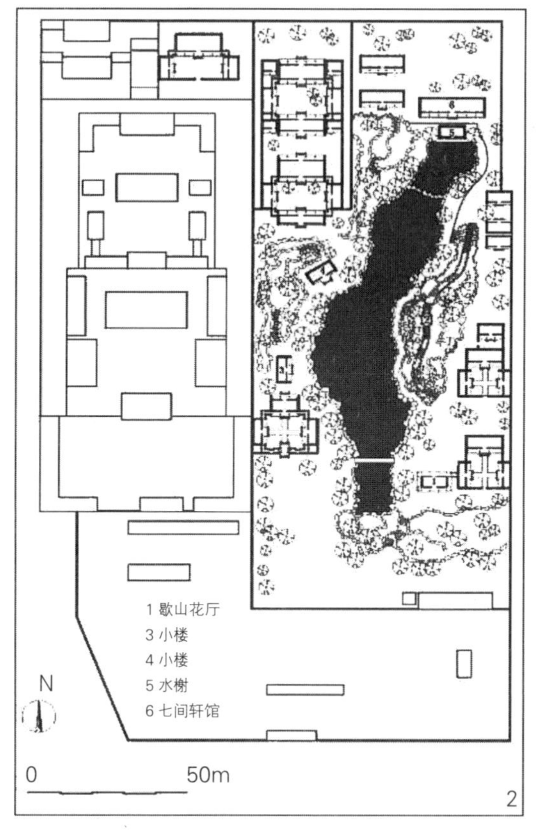

清末棍贝子府园复原平面图

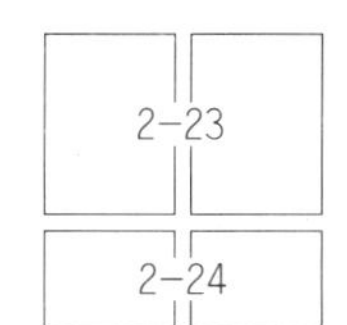

图2-23 清朝棍贝子府历史变迁图
（图片来源：贾珺《北京西城棍贝子府园》）

图2-24 棍贝子府花园现状图
（图片来源：作者自摄）

西北处的镇水观音庵，清代汇通祠的镇水石螭，万宁桥东西两侧的水兽等。

（一）祠庙碑刻水文化遗产的特征

文化内涵丰富

什刹海祠庙碑刻类水文化遗产文化内涵多样，是历史时期“水”的管理、水的认知、水的宗教的历史见证，体现着水利与社会、政治、文化、民俗等密切关系。如万宁桥两侧的水兽是古代用来镇水的水兽，名为趴蝮，是中国古代神话传说中龙的九子之一。水兽好水，又名避水兽，一般置于河边、桥头，可使河水“少能载船，多不淹禾”，能保佑一方平安，倍受百姓崇敬，是古代水神崇拜文化的重要代表，反映着人们对于水既恐惧又敬畏的情结。西海入水口处的汇通祠，明代时曾名“镇水观音庵”，有镇水的寓意。清代时祠庙曾改为龙王庙，既是官方和民间祈求风调雨顺的祭祀场所，也是与水有关的民俗活动场所，政治、文化意味浓厚。汇通祠后的乾隆御制石碑是水利纪事的碑刻，碑刻记录了清朝什刹海区域水利活动的史实，展现了古代国家“水”管理文化。

（二）遗产点简介

1. 万宁桥水兽

万宁桥水兽位于万宁桥东西两侧的河道两岸，东西两岸各一对，共四只。四只水兽中，东北侧的水兽为元代建造，下颌刻有“至元四年九月”，说明在元代修建万宁桥时此水兽既已存在。另外三只水兽据考为明代永乐年间雕成，是明朝重修万宁桥时增补的，保存较好。四只水兽在新中国成立之初，还屹立

图2-25 万宁桥水兽现状图（图片来源：作者自摄）

于万宁桥两侧，1955年地安门道路扩建时，万宁桥被埋入地下，水兽也一并被掩埋。1999年，万宁桥一带环境整治，万宁桥和水兽被重新挖掘出来，得以重见天日。

四只水兽中东北侧元代的镇水兽长约1.8m，宽0.6m，整体风化较为严重，现状斑驳，石质黝黑，通体素面而无纹饰，造型古朴苍劲颇有元代石雕之风。三只明代水兽由于保存较好，面貌清晰可见，水兽头顶有鹿角，瘪嘴圆眼，尾巴粗壮，周围雕刻的云纹、波浪相当精细，并且各水兽形态各异，不尽相同。西侧的两只水兽将头外伸，身体一侧悬在岸壁上，并向桥洞中看去。桥东侧的两只头伸出岸沿边，呈伏岸望水姿态。四只水兽姿态威风凛凛，活灵活现，栩栩如生，显现出较高的雕刻艺术水平（图2-25）。

2. 汇通祠

汇通祠始建于明永乐年间，最早是朱棣为姚广孝所建的祠庙。明代时祠庙坐落于一圆形土山之上，土山位于什刹海入水口处，正对城墙水关，西山诸泉自水关入后，在此“汇通”，并在东西两侧沿圆形土山流入什刹海①。因祠庙迎水、临水，亦称“镇水观音庵”，以寓镇水之意。清朝乾隆二十六年（1761年），重修观音庵，内供龙王，赐名“汇通祠”，并于祠旁立乾隆皇帝御制“通剑碑”（图2-26）。史载汇通祠四周环境优美，雅士聚集，是京城著名的风景名胜之地。《天咫偶闻》记载：“西北土山忽起，杂树成帏。石磴高盘，寺门半露，汇通祠也。南岸危楼蹇产，有如高士枕流，美人临镜，高庙之日下第一楼也。从祠上望湖，正见其缥缈；从楼上望湖，又觉其幽秀。士夫雅集，多在于此”②。民国初汇通祠被卖与私人，改作药店，新中国成立之初被改为民居大杂

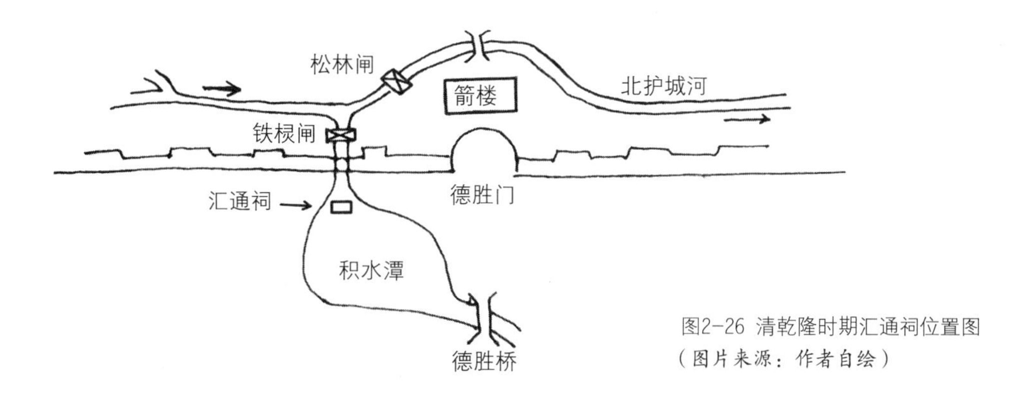

图2-26 清乾隆时期汇通祠位置图
（图片来源：作者自绘）

① 刘大可. 汇通祠复原论证［J］. 古建园林技术，1989，03: 27-31.
② 震钧（清）. 天咫偶闻：卷四. 北京古籍出版社，1982.

图2-27 汇通祠现状图（图片来源：作者自摄）

院，20世纪70年代修建二环地铁时，汇通祠被拆除。后来在区政府的支持下，汇通祠被重新恢复，并被改为郭守敬纪念馆（图2-27），祠庙复建基本按照清朝时的格局进行。

祠庙坐北朝南，二进院落。山门一间，券门结构，上有侯仁之教授所提"汇通祠"匾额，两侧为棋盘式侧门。自大门向里，依次为前殿和后罩楼。前殿三间，硬山筒瓦顶，东西配房各三间。后罩楼面阔3间，上下两层，楼前出轩，硬山筒瓦顶，上悬匾"功兼利济"、"潮音普觉"，配殿东西各三间。祠内曾有鸡狮石、塑像等文物，后来不知去向，祠庙山后立有清乾隆时御制石碑。

3．汇通祠石碑

汇通祠石碑位于西海汇通祠北侧，毗邻二环道路。石碑于乾隆二十六年（1761年）立制，是乾隆皇帝为纪念重修汇通祠而立，因其形状犹如一把剑柄，石碑又被称为"通剑碑"。石碑由碑首、碑身和碑座组成，通高243cm；碑身宽72cm，厚33cm。碑阳为行书体乾隆御制《汇通祠诗》，碑阴为行书体乾隆御制《积水潭即景诗三绝句》，碑身西侧有乾隆五十一年（1784年）《瞻礼一律》。

石碑于"文革"时期被推倒运走，20世纪80年代西城区政府在大规模整治什刹海时，从北京石刻博物馆找回了乾隆御制石碑，在汇通祠后建一座四角碑亭，将石碑立于其中。现石碑整体被玻璃覆盖，字迹模糊，风化严重。石碑是汇通祠重修后保留下来的历史遗物，是什刹海地区水系变迁的历史见证，具有较高的历史文化价值，2007年石碑被列为西城区文物保护单位（图2-28）。

附：乾隆御制《汇通祠诗》、《积水潭即景诗三绝句》、《瞻礼一律》

《汇通祠诗》

潴蓄长流济大通，澄潭积水映遥空。
为关溯涧应垂制，因葺崇祠喜毕工。
海寺月桥率难考，灯船歌馆漫教同。
纪吟权当留碑纪，般鉴恒深惕若衷。

《积水潭即景诗三绝句》

积水苍池蓄众流，节宣形胜巩皇州。
疏淤导顺植桃柳，三里长溪可进舟。
一座湖亭倚大堤，两边水自别高低。
片时济胜浮烟舫，春树人家望转迷。
烟中遥见庙垣红，瞬息灵祠抵汇通。
雨意濛濛犹未止，出郊即看麦苗芃。

《瞻礼一律》

辛巳疏通潭积水，逮今廿五阅流年。
不无淤壅应濬沼，有籍蓄潴利运川。
广陌纡临视工毕，灵祠礼谒意祈雯。
行云施雨青神惠，愿薄甘膏渥大田。

图2-28 汇通祠石碑现状图
（图片来源：作者自摄）

4. 汇通祠石螭

汇通祠石螭为明代修建镇水观音庵时所设的镇水之物，据《日下旧闻考》记有“旧在德胜门西里许，水自西山经高粱桥来，穴城趾而入，有关为之限焉。下置石螭，迎水倒喷，旁分左右，既噏复吐，声淙淙然自螭口中出”①。明代的《燕都游览志》和《长安可游记》中也有相关汇通祠镇水石螭的记载。

石螭，原型为龙子化身，是一种没有角的龙，嘴大、肚子能容纳很多水，在建筑中多用于排水口的装饰，称为螭首散水。汇通祠的镇水石螭形体比较完整，整个石螭雕在石板上，长约1.90m，雕刻细致，形象栩栩如生，具有一定的艺术价值，石螭见证了什刹海水系的变迁，也具有一定的历史价值（图2-29）。汇通祠的镇水石螭曾是清代北京著名的“镇海三宝”之一（另两个为德胜桥的“镇海神牛”和崇文门镇海寺的“镇海铁龟”），不幸的是三个镇海之宝在北京修建二环地铁时期皆不知去向，现位于汇通祠后的镇水石螭为后来仿制而成（图2-30）。

五、民俗活动

非物质文化遗产是指各族人民世代相传，并视为其文化遗产组成部分的各种传统文化表现形式，以及与传统文化表现形式相关的实物和场所。包括：（一）传统口头文学以及作为其载体的语言；（二）传统美术、书法、音乐、舞

图2-29 昔日西水关石螭图
（图片来源：张必忠《什刹海的桥》）

图2-30 汇通祠石螭现状图
（图片来源：作者自摄）

① 于敏中等（清）. 日下旧闻考：卷五十二. 北京：北京古籍出版社，1981.

蹈、戏剧、曲艺和杂技；（三）传统技艺、医药和历法；（四）传统礼仪、节庆等民俗；（五）传统体育和游艺[①]。由此延伸而来非物质水文化可以理解为长期以来人们治水、理水、和水相处形成的各种民俗活动。自元至清，什刹海周边民俗活动一直十分活跃，两岸集市林立，杂耍等各种民俗活动兴盛，形成了众多以曲艺、杂技、节庆、游艺等形式存在的非物质文化。由于区域以水域为主体，水域文化气息浓厚，周边的民俗活动自然也离不开水文化的影响渗透，由此形成了诸多和水相关的民俗活动，如以戏水宴游为内容的春禊，以滑冰娱乐为主的冰嬉，以观荷赏景为特色的荷花盛会等，这些民俗活动是什刹海区域水文化的重要组成部分，也是区域水文化的重要体现。

（一）民俗活动水文化遗产的特征

1．类型多样

什刹海区域风景优美，寺庙林立，商肆活动繁盛。得天独厚的自然环境，浓厚的人文气息为什刹海民俗活动的形成提供了良好的条件，什刹海也成为北京民俗活动的活跃区域。什刹海民俗活动众多，形式多种多样，其中和水相关的民俗活动就有数十种。自元代始，就有“两岸观者万众”的海子浴象和洗御马活动。明清时，什刹海水域活动更加兴盛，春季时有文人喜爱的春禊，夏季时有观荷赏景的节庆盛会，秋季天高气爽水上泛舟盛行，而冬日什刹海冰冻三尺，更成为老少皆宜的滑冰嬉戏乐园。此外每逢节庆之日什刹海还有许多民俗活动，如端午节赛龙舟、中元节时放河灯。至求雨之时，什刹海周边龙王庙还时常举行祭祀活动。然而由于年代久远以及诸多历史原因，什刹海水文化民俗活动大多未能传承下来，许多民俗活动只能在历史文字记载中了解。

2．文化内涵深厚

什刹海周边民俗活动类型多种多样，文化内涵深厚。什刹海优美的景色，吸引着诸多文人墨客、达官显贵的光顾，使得什刹海成为一处上至权贵士族，下至贩夫走卒都爱游逛的场所。什刹海许多和水相关民俗活动除平民参与外，往往还有众多文人的身影，有些活动节庆甚至成为文人雅士的盛会。这一类士族的出现，自然少不了吟诗作赋，因此什刹海周边的民俗活动大都有诸多诗词描绘，这就为这些民俗活动增添了更多文学色彩。如夏日的观莲盛会，每至夏日荷花盛开时，什刹海观荷游人如织，而尤以文人居多，自元至清描写什刹海荷花的诗词就多达几十首。而每逢初春之际，文人雅士常呼朋唤友，三三两两

① 中华人民共和国非物质文化遗产法［Z］，2011-2-25: 2011.

聚集在什刹海沿岸，流觞曲水，赏景作赋，留下了众多描写当时盛会的诗词。除了受文人的影响外，这些民俗活动还受宗教文化的影响。古时什刹海周边寺庙林立，钟呗梵乐不绝于耳，宗教氛围浓厚，形成了许多富有人文宗教气息的水域民俗活动，如普渡亡灵的佛事活动——盂兰盆会即体现了这一特点。

（二）遗产简介

1. 古巳春禊

古巳春禊为古时汉族民俗，最早起源于春秋时期，最初为消灾祈福仪式。《论语》中载："暮春者，春服既成，冠者五六人，童子六七人，浴乎沂，风乎舞雩，咏而归"，描写的就是古巳春禊。后来这一民俗逐渐变成中国古代文人聚集游玩的活动，并形成了嬉戏游春、踏青、"曲水流觞"之俗（图2-31）。什刹海区域水域辽阔，水光潋滟，两岸绿杨垂柳，一直是文人喜爱的踏春之地。

至近代，汤涤、黄节、林宰平、孟森等文人亦曾到什刹海修禊宴乐，汤涤曾为此作《修禊图》，孟森亦作小记云："席而饮，酒酣或弈或歌，或弹琵琶，或玩，谈震屋瓦，水禽拍拍惊起，淑风疏襟"[①]。时至今日，什刹海已早无旧

图2-31 兰亭修禊图（图片来源：程大约《程氏墨苑》）

① 成善卿. 什刹海的民俗风情［M］. 北京：当代中国出版社，2008，09～11.

貌，逐渐演变成旅游景区，修禊这一民俗活动也销声匿迹。

2. 夏日观荷

荷花是中国十大名花之一，一直被视为高洁优雅的象征，历来为文人墨客所喜爱，中国古代有许多诗词描绘荷花之高洁，如周敦颐在其名篇《爱莲说》中写道："予独爱莲之出淤泥而不染，濯清涟而不妖，中通外直，不蔓不枝，香远益清，亭亭静植，可远观而不可亵玩焉"。旧时什刹海以荷花而名誉京师，什刹海观荷也一直是京城文人学子不可或缺的一大韵事。每逢夏日荷花初开之际，湖中粉荷出蓉，风景十分幽丽，诗词方家、文人雅士咸来登高观荷，题诗赋词。元朝时，赵孟頫曾有诗《海子上即事与李子构同赋》，诗中就曾提及什刹海荷花盛景，诗曰"小姬劝客倒金壶，家近荷花似镜湖。游骑等闲来洗马，舞靴轻妙迅飞凫。油云判污缠头锦，粉汗生怜络臂珠。只有道人尘境静，一襟凉思咏风雩"。明朝时什刹海变为幽静的风景胜地，观荷活动更为兴盛，明诗人刘崧有诗《海子桥晚眺》："海上青山山上云，空青锦绣自成文。广寒西下红桥晚，两岸荷花一径分"。清王照圆曾有《过西海子看新荷》赞叹什刹海荷花之盛景，诗中写道："凉亭水榭映朝霞，碧沼初开菡萏花。海子西头杨柳岸，绿烟深处是仙家"。民国时政局混乱，什刹海疏于治理，也一度衰败，逊于明清之盛（图2-32）。时过境迁，如今什刹海面貌一新，荷花依旧，观荷盛事不减当年。

图2-32 前海荷花（图片来源：作者自摄）

3. 冰上游嬉

什刹海四季皆景，初春绿杨垂柳，夏季荷叶涟涟，秋季晴空万里、湖光山色，至冬季时，什刹海就成了冰雪的世界，晶莹剔透，湖冰甚厚，成为滑冰的绝佳之地。自明代时，什刹海周边就有出租的冰床，供游人游嬉或代步，《倚晴阁杂抄》中载："明时积水潭，常有好事者联十余床，携都蓝酒具，铺氍毹其上，轰饮冰凌中以为乐。诚豪侠之快事也"，明朝的刘若愚在《明宫史》书中也曾写有宫廷内的冰嬉场景："琉璃新结御河水，一片光明镜面菱。西苑雪晴来往便，胡床稳坐快云腾"[①]。清代时，由于满族原生活于东北严寒地带，滑冰滑雪为民间常见之活动，在满族入关后，仍不忘这一传统习俗，统治者对此更是提倡。史载自康熙皇帝始，清廷每年冬天都要举行一次冰嬉活动，参演人员皆八旗子弟，皇帝率后宫嫔妃文武百官前来观摩，地点一般为西苑三海。除王公贵族外，平民百姓同样对冰嬉活动充满热爱，什刹海就成了百姓滑冰娱乐的胜地，《燕京岁时记》中载："冬至以后，水泽腹坚，则什刹海、护城河、二闸等处皆有冰床。一人拖之，其行甚速。长约五尺，宽约三尺，以木为之，脚有铁条，可坐三四人。雪晴日暖之际，如行玉壶中，亦快事也"[②]。《清代竹节词》也曾描绘道："十月冰床遍九城，游人曳去一毛轻，风和日暖时端坐，疑在琉璃世界行"（图2-33）。民国时，什刹海日渐荒芜，冬日里仍有较多人于冰上嬉戏。如今什刹海每年冬日来时，虽有人在冰上游玩嬉乐，但滑冰盛况也难比当年。

4. 盂兰盆会

盂兰盆会又称中元节，是佛教的一项重大法事活动。法会原为饿鬼施食和超度亡灵，后来这一活动逐渐演变成一种民间娱乐性民俗活动，活动一般包括

（a）

（b）

图2-33 清末什刹海滑冰活动（图片来源：摘自中国作家网、新浪博客）

① 刘若愚（明）. 明宫史. 北京：北京古籍出版社，1980.

② 富察敦崇（清）. 燕京岁时记. 北京：北京古籍出版社，1961.

唪经、放焰口、奏法乐、放河灯、烧法船等内容。什刹海周边由于有广化寺、法华寺等寺庙，盂兰盆法会多选在什刹海周边举行。法会当天上午由方丈讲经，下午僧众和居士诵经，晚上祭送法船，并点放河灯[①]。

法船是由纸糊而成，上有僧众、各色人物及立体的图画展，船顶为古典宫殿形式，形象栩栩如生。下午诵经结束后，至黄昏时，法船会被送至水中点燃，寓意法船“普度众生”，“往生极乐”。除燃烧法船外，法会还有一项活动为点放河灯，用以祭祀悼念逝去的亲人（图2-34）。什刹海点放河灯的历史悠久，《燕都游览志》记载：“中元夜，寺僧于净业湖边放水灯，杂入莲花中，游人设水嬉为盂兰会，梵呗钟鼓，杂以宴欢，达旦不已，水中花炮，有凫雁龟鱼诸”[②]。清代文昭《京师竹枝词》中对此亦曾描写道：“坊巷游人入夜喧，左连哈德右前门。绕城秋水河灯满，今夜中元似上元”。什刹海盂兰盆会放河灯这一民俗活动经久不衰，一直传承到现在。1998年时，什刹海曾举办河灯游园晚会，2001年时，广化寺也曾举办盂兰盆会，并举办放河灯活动，如今什刹海放河灯已经成为七夕节等节日的重要活动内容，被赋予了新的文化内涵。

根据各类水文化遗产的性质和存在形态，什刹海区域的水文化遗产大体分为五类：河湖水系、水利设施、园林景观、祠庙碑刻以及民俗活动。这五类基本上涵盖了区域水文化遗产所有形态的遗产类型，是对区域水文化遗产的集中概括。每种类型遗产形式多样、各有特色，不仅记录了什刹海水域变迁的历史脉络，还充分展现了区域水文化深厚的历史渊源，是区域水文化的载体和具体体现，也是区域社会历史文化的精髓。

图2-34 法会结束后焚烧的法船
（图片来源：赵林《什刹海》）

① 赵林. 什刹海［M］. 北京：北京出版社，2004，130～131.
② 于敏中等（清）. 日下旧闻考. 卷五十二. 北京：北京古籍出版社，1981.

3

第三章

什刹海水文化遗产价值评估

文化遗产的价值评估是遗产保护工作的基础，在遗产规划保护与管理中处于核心地位。鉴于遗产类型的多样化、遗产价值的多元化，在进行文化遗产的价值评估时，对不同类型的文化遗产，其相应的价值评估体系和价值量化指标也不尽相同。本章主要借鉴了《世界文化遗产公约》中关于文化遗产价值的判定，在综合了国内外文化遗产价值评估方法的基础上，结合水文化遗产的类型特点，以什刹海为例，从水文化遗产整体保护及其环境生态的角度出发，提出了一套针对水文化遗产的价值评估体系。

由于国内外对于文化遗产价值评估的理论研究主要集中在物质形态的文化遗产，对于非物质形态的文化遗产研究起步较晚，而且非物质形态的文化遗产因具有无形性、多元性、活态性等特点，对其价值评估的研究相对物质文化遗产较难。目前国内外对于非物质文化遗产价值的研究，主要集中在非物质文化遗产的特点和价值的定性描述上[①]，对于非物质文化遗产的价值定量评估研究较少涉及。因此本章对于什刹海水文化遗产的价值评估研究也仅限于什刹海四类现存物质形态的文化遗产（河湖水系、水利设施、园林景观、祠庙碑刻），不涉及民俗活动这一类非物质文化遗产。

一、国内外相关评估体系的借鉴

（一）西方文化遗产价值评估体系的借鉴

文化遗产的保护研究最早源于西方，其对文化遗产的价值认识和保护工作起步较早，在遗产调查、价值认识、价值评估、登记保护方面都形成了一套完整的机制。在价值评估方面较为成熟的评估体系有世界文化遗产的价值评估体系、澳大利亚文化遗产的价值评估体系及英德等国家的价值评估体系[②]。本章主要以世界文化遗产的价值评估体系作为参考。

世界文化遗产名录主要是针对全人类文化遗产设立的遗产名录，因为考虑到许多国家不具备相应的实力去保护其国家级遗产，所以通过提供集体援助的方式来补充有些国家在重要遗产保存方面力有未逮之处[③]，其主要工作的依据是《保护世界遗产公约》和《世界遗产公约执行操作指南》。《保护世界遗产公约》将世界文化遗产界定为具有“普遍价值”的文物、建筑群和遗址，普遍价值主

① 张世均. 我国少数民族非物质文化遗产的价值［J］. 西南民族大学学报：人文社科版，2007，（191）：137-140.
② 黄明玉. 文化遗产的价值评估及记录建档［D］. 复旦大学，2009.
③ 黄明玉. 文化遗产的价值评估及记录建档［D］. 复旦大学，2009.

要体现在世界文化遗产六项录入标准中，此六项标准为：

1．足以代表人类所发挥的创造力之杰作；

2．某时期或某文化圈，在建筑、技术、纪念物艺术、城镇规划或景观设计的发展上，展现了人类价值的重要交替；

3．可作为现存或已消失的文化传统的唯一证据或优异证据；

4．可阐明人类历史重要时期中一种式样的建筑物、建筑群或技术工程体、景观的杰出案例；

5．可作为代表某种（些）文化的传统人类聚落、利用土地或海洋方式，或人类与环境互动的杰出案例，尤其是在不可逆转的变迁冲击下；

6．直接或具体与具有显著普遍重要意义的事件或现存传统、思想、信仰、艺术或文学作品相关（此项标准通常和其他项并列使用）；

上述6条评定标准全面诠释了文化遗产的历史价值、艺术价值和科技价值。只有符合这6项标准的遗产才被考虑列入世界遗产名录。在申报遗产符合登录条件后，国际古迹遗址理事会会指派相关专家对遗产进行调研，并召开专家会对文化遗产的资产状况、显著普遍价值、真实性和完整性等方面进行评估。

除世界文化遗产价值评估体系外，西方一些国家也建立了较为完善的遗产价值认定、评估等理论体系。这些国家对遗产价值的认识和《保护世界遗产公约》中对遗产价值的认识大致相同，皆注重对遗产“普遍价值”的认识和解读，即文化遗产突出的历史、艺术、科技价值。同时，西方国家在遗产价值评估过程中对遗产价值解读的侧重点又各不相同，比如美国在遗产评定和价值评估过程中比较注重遗产所属类型和遗产的完整性。澳大利亚在遗产评定和价值评估过程中则较注重遗产“文化意义”。“文化意义”主要是指遗产对过去、现在和未来世代的美学、历史、科学、社会或精神的价值。此外在对某一特定的价值评估时，各国在遵循相应遗产价值评估框架的前提下，会根据遗产类型、特点，对遗产的特定价值有所侧重。

在具体的文化遗产评估过程中，各国遗产保护章程和法规一般不会制定具体的价值评估细则，只会对评估标准的内容和评估所需信息作基本界定。遗产具体价值评估细则和流程一般在遗产评估过程中设立，并根据文化遗产的特性制定相应的评估标准和评分细项。评分细项往往由不同层次小的分级细项组成，评分过程中在对每一评分细项给予分数后乘以其相应的权重系数，并将所得分数逐层累加，最后得出文化遗产总的评估分值。

（二）国内文化遗产价值评估体系的借鉴

国内对文化遗产价值研究起步较晚，在文化遗产价值认识和评估方法方面较多地借鉴了国外的相关经验。国内研究者对于文化遗产价值的研究主要集中在保护工作运作本身，包括保护理论、方法和监督机制，对文化遗产价值的具体评判研究相对欠缺[①]。

在文化遗产认识和定义上，我国对于文化遗产概念最初由文物概念发展而来。文物即指“具有历史、艺术价值的古代遗物”[②]，同时有“文物古迹”、“文物保护单位”、“历史文化名城”、“历史保护街区”等多个相关概念，这些概念和文化遗产的本质相同，都是从不同角度和层次对文化遗产的定义，可以将它们都划归为文化遗产定义范畴。

在文化遗产价值认识上，目前国内对于文化遗产的价值分类大体和《世界文化遗产公约》中所规定的类似。《中国文物古迹保护准则》认为：“文物古迹的根本价值是其自身的价值，包括历史价值、艺术价值和科学价值。对文物价值的认识不是一次完成的，而是随着社会发展，人们科学文化水平的不断提高而不断深化的”[③]。此种表述明确了文化遗产所具有的“普遍价值”：历史价值、艺术价值和科学价值，同时阐述了三种价值的表现形式。除了历史价值、艺术价值、科学价值外，在说明阐述中，准则进一步补充了情感价值、经济价值、社会价值、使用价值等。

就价值认识来说，国内对于文化遗产的价值定义较为笼统、类型不足，而通常由于遗产类型不同，遗产所拥有的价值内涵也不相同，所以在实际的规划保护过程中，价值评估体系中的价值类型设计和价值内涵，常根据具体遗产类型来决定，如在对工业遗产价值评估时，其科学价值的比重相比要大于其他价值，在对园林景观遗产价值评估时，其艺术美学价值的比重相对要大一些。

在具体的价值评估方法方面，目前国内常采用的是“层次权重决策分析法”，该方法根据评估目标，对影响评估对象的不同类别指标进行逐级分解，建立不同层次子目标体系，根据重要程度，对指标赋予不同的权重，权重以定量的形式加以反映，两两比较判断相对重要性，得出相对重要性权重系数，之后从底层指标开始评估，逐层向上综合，最后得出总目标的评估结果[④]（图3-1）。

---

① 吴美萍．文化遗产的价值评估研究［D］．东南大学，2006.

② 杨志刚．文化遗产：新愈识与新课题［J］．复旦学报（社会科学版），1997: 4.

③ 国际古迹遗址委员会中国国家委员会．中国文物古迹保护准则［M］．洛杉矶：盖蒂保护研究所，2002.

④ 刘翔．文化遗产的价值及其评估体系［D］．吉林大学，2009.

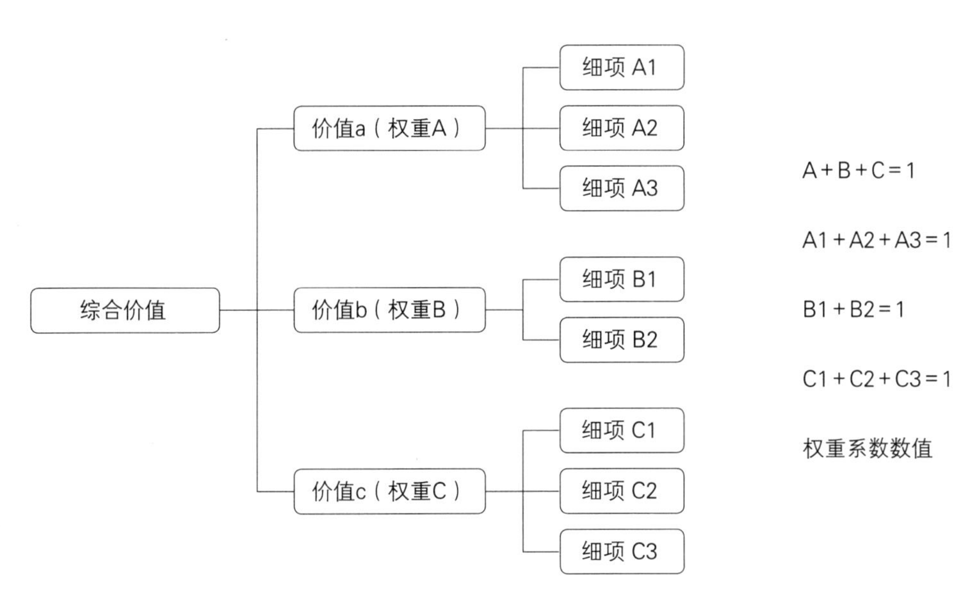

图3-1 层次权重分析法（图片来源：作者自绘）

综上所述，国内外关于文化遗产价值的评估各有标准，由于遗产类型的不同，文化遗产的价值评估体系也呈现多样化，但其具有共同的特点：即价值评估标准的规范化、价值评估体系的多样化。价值评估内容主要包括文化遗产的历史文化价值、艺术价值、科学价值，根据遗产类型的不同，各类型遗产价值内容的组成和内涵也不尽相同。价值评估方法包括EVA（经济增加值）评估法、意愿调查评估法、模糊数学理论评估方法、边际机会成本法等，目前国内常采用的方法是"层次权重分析法"。因此对于水文化遗产价值评估框架的建立，我们可以借鉴国内外文化遗产价值评估框架的共性，并根据水文化遗产特点，制定一套针对水文化遗产的价值评估体系。

二、评估框架的建立

水文化遗产是文化遗产的特殊类别，可以将其定义为："人类在水事活动中形成的具有较高历史、艺术、科学等价值的文物、遗址、建筑以及各种传统文化表现形式"[①]，"水文化遗产是历史时期人类对水的利用、认知所留下的文化遗存。水文化遗产以工程、文物、知识技术体系、水的宗教、文化活动等形态

① 汪健，陆一奇. 我国水文化遗产价值与保护开发刍议［J］. 水利发展研究，2012，01：77-80.

而存在”[①]。由其定义可知，水文化遗产属于文化遗产一种，具有一般文化遗产所具有的历史价值、艺术价值、科技价值等。

不同的是水文化遗产类型多样，包括水利工程、建筑、湖泊河道、园林景观等遗产形态，这些形态的遗产产生于人类理水、治水、和水相处的过程中，和水的关系极其密切。这种密切性不仅体现在水文化遗产的形成过程中，同时也体现在水文化遗产组成要素和周边环境上。水体、植被等环境要素不仅会对遗产本体产生显著的影响，也会影响周边环境质量。一方面水体、植被等环境要素是河湖水系、园林景观等水文化遗产的主体要素，直接影响着水文化遗产的品质，其质量状况是这类水文化遗产价值评估的重要内容；另一方面水体、植被还是水利工程遗产环境的主体要素，其状况好坏也会对遗产的其他价值产生直接的影响。因此对水文化遗产价值的评估，需要把遗产本体或周边的水体、植被等环境要素作为重点评估的内容，并把水文化遗产的生态价值作为衡量遗产本体或周边环境质量状况一个指标。

因此在水文化遗产价值认识方面，水文化遗产除了具有文化遗产的“普遍价值”外，还具有显著的生态价值。我们借鉴国内对文化遗产价值的认识，结合水文化遗产的生态价值属性，将其水文化遗产价值分为普遍价值和生态价值，其中普遍价值包括历史文化价值、艺术价值、科技价值、利用价值。

在文化遗产价值评定方面，我们基于水文化遗产普遍价值和生态价值的认识，对这两种价值分别进行定量评定，最后将这两种价值量予以综合，得出各水文化遗产的综合价值量。

（一）水文化遗产的价值认识

1. 普遍价值

结合国内外对于一般文化遗产价值的认识和水文化遗产的价值特点，我们把水文化遗产的普遍价值分为四类：历史文化价值、艺术价值、科技价值、利用价值。

◎ 历史价值

水文化遗产是人类在理水、治水、与水相处等一系列水事活动中的遗存物，是人类治水历史和社会发展的见证[②]。什刹海区域历史悠久，是北京城市水利活动的重点区域，由此留下了众多水文化遗产，这些水文化遗产是区域历

① 谭徐明. 水文化遗产的定义、特点、类型与价值阐释［J］. 中国水利，2012，21: 1-4.
② 汪健，陆一奇. 我国水文化遗产价值与保护开发刍议［J］. 水利发展研究，2012，01: 77-80.

史文化发展的见证，承载了深厚的社会文化内涵，具有重要的历史文化价值。这些水文化遗产不仅反映着区域早期地理面貌，是研究北京早期地理状况和水系演变脉络的重要实物，具有一定的历史研究价值，如现存前海、后海和西海最初是由永定河改道所形成的，是永定河变迁的重要见证；同时什刹海水文化遗产是区域水利水事的遗存物，它记录着区域水利活动，反映着区域社会文化内容。如万宁桥、玉河是元朝京杭大运河—通惠河的终点，见证了京杭运河由繁盛到衰败历史，是研究北京漕运的标志，也是区域水利活动繁荣发展的重要体现。

◎ 艺术价值

艺术源于人类活动的各个方面，是人类发展文明的重要体现。艺术同样也产生于人类的水事活动中，体现着古代劳动人民对于美的理解与追求，并物化为水文化遗产形式，成为水文化遗产艺术价值的重要体现。水文化遗产的艺术价值表现形式多样，主要体现在水文化遗产的构筑设计、美术工艺、风景园林、文学戏曲等方面。什刹海区域内水文化遗产类型多样，数量众多，其中前海、后海、西海三片水域湖光山色，景色优美，是什刹海历史名胜风景区的主要组成部分，其本身就具有较高的风景艺术价值。银锭桥、万宁桥、东不压桥等古桥分布在什刹海三海周边，桥体古朴苍拙，和周边环境较为和谐地融为一体，为什刹海平添了几分古韵，桥体造型精美，构造精致，体现出了古代较高的构造艺术水平。位于万宁桥两侧和汇通祠后的石刻水兽，样式精美，刻画生动，栩栩如生，则反映了古时高超的雕刻艺术水平。位于什刹海周边的萃锦园、宋庆龄故居、棍贝子府花园三处园林诗情画意，山水环绕，规模宏大、造园手法高超，是清代王府园林的杰出代表。

◎ 科技价值

水文化遗产科技价值是古代劳动人民在水事活动中对自然、社会的认知和创新。什刹海水文化遗产的科技价值集中体现在水利技术和桥闸构造方面。什刹海三海、玉河、澄清闸等水文化遗产大多为元朝漕运水利活动的遗存，从河道的规划、桥闸的构造无不体现着元朝先进的科技水平。如什刹海元时为漕运港口，郭守敬在其上游通过规划迂回水流线路，巧妙将白浮泉水导引至什刹海，保证漕运有充足的水源，这一线路的规划标志着元代水利技术上的重大突破。玉河和澄清闸遗址是元代通惠河漕运的缩影，也是元朝梯航水利技术的重要见证，元朝曾在通惠河上采用梯航技术，在河道上设置数十组水闸，通过升降闸门来调节水量，使大运河的漕运船只能够溯流而上直达大都。这一技术是郭守敬在水利工程上的创造性设计，在13世纪远远领先于世界上其他国家。历经几百年风雨沧桑的万宁桥，虽外貌斑驳，但桥仍担负着现代化交通，每天车辆过往频繁，桥体荷载较大，桥梁的结构与框架至今都没有坍塌或变形，这也充分展示了古代桥梁构造设计和施工的先进水平。

◎ 利用价值

利用价值是水文化遗产价值内涵的重要方面，主要表现在水文化遗产的功能利用和水文化遗产资源的经济开发上。首先，水文化遗产多为重要的水利设施，具有一定的水利功能，部分遗产仍发挥着重要的交通、水运、灌溉等作用。如目前三海仍是北京城市水系供排水的重要渠道，区域内现存的桥体依然具有重要的交通功能；其次，水文化遗产是古代人民劳动和智慧的结晶，具有深厚的历史文化内涵，是一种稀缺的文化资源，通过对其合理的开发利用不仅可以使其价值内涵充分展现，还可以将其转变成重要的旅游开发资源，如什刹海作为历史文化名胜风景区，其所依托的旅游资源就是前海、后海、西海和玉河等河湖水文化遗产，区域中萃锦园、宋庆龄故居等园林水文化遗产，历史文化价值较高，是区域著名的旅游景点，也是区域旅游业和社会经济发展的重要资源。

2. 生态价值

由于水文化遗产类型包括河湖水系、园林景观、桥闸等类别，水体、植被等往往是这类遗产本体或环境的主要构成要素，这些环境要素不仅会影响遗产的本体价值，同时还会对区域生态产生不可估量的影响，因此在水文化遗产价值中把遗产生态价值作为水文化遗产价值的重要内容，用来认识和评估水体、植被等环境状况对遗产本体和周边环境的影响。一方面水文化遗产的生态价值主要体现在生态对遗产本体的影响，水文化遗产本体所具有的各种价值，如历史文化价值、艺术价值和遗产的生态价值是相互联系，如果一处水文化遗产周边或内部的水质恶劣、植被稀疏、环境状况较差，公众对其的印象评价必定会降低，同样较高的环境质量、和谐的环境氛围也必定会有助于遗产价值的提升和诠释；另一方面水文化遗产的生态价值，还体现在遗产生态对于周边大范围生态环境的改善，如湖泊园林这类水文化遗产具有改善区域环境气候、美化环境、提供休憩空间的作用。

在什刹海区域中，水文化遗产具体生态价值的展现根据遗产类型而有所不同，前海、后海等河湖类型的水文化遗产，其生态价值表现为遗产的水质、植被等环境要素，对于其文化底蕴和景观资源的展现具有制约作用，即遗产本体的生态价值是遗产其他价值存在的重要条件。其生态价值还体现在水域对周边生态环境的改善上，三海水域辽阔，是北京城市中心水域面积最大的水体，其净化空气、增加大气湿度的效果显著，改善气候的作用明显，且水域水质较好、植被丰茂，环境优异，为城市提供了开敞空旷的绿化空间；什刹海三处园林水文化遗产的生态价值表现形式和河湖水系类似，即园林的生态价值体现在生态对遗产其他价值的影响上，同时还展现在园林生态对于周边环境的改善作用上。三处园林皆属于清代王府花园，园林规模巨大，内部山水环绕、植物种类众多，不仅为什刹海区域提供了重要的生态空间，而且在改善气候、美化环境、提升区域生态环境质量方面也发挥着重要作用；什刹海桥闸碑刻类遗产的生态价值，主要是通过此类遗产的周边环境状况体现，遗产点周边环境不仅对于遗产具有衬托作用，还影响遗产的环境氛围和人们对于遗产的评价，此外遗产周边环境还能够为游人提供观赏游憩条件。

（二）水文化遗产普遍价值评定

水文化遗产普遍价值的评定主要衡量的是遗产的历史文化价值、艺术价值、科学价值、利用价值。在具体的评估过程中，为了方便评估的结果对比，我们根据区域内水文化遗产的类型特点将遗产分为河湖水系、水利设施、园林景观、祠庙碑刻四种类型，按照遗产类型进行分类评估。由于什刹海水文化遗产大部分属于历史文物，其遗产普遍价值的评定工作已由国家文物保护部门完成，并根据其内在普遍价值的大小确立了不同等级的保护级别，如国家级文物保护单位、市级文物保护单位、区级文物保护单位等，不同的文保等级直接代表着文化遗产普遍价值的高低，评估结果具有较高的权威性。因此在什刹海水文化遗产普遍价值评定的过程中，应按照文保部门给予遗产的不同保护等级，评定其普遍价值量的高低，并给予相应的分数。此外由于什刹海三海和单体文物有所不同，是北京市历史文化保护区，其历史悠久，文化底蕴深厚，历史价值、艺术价值都较高，其价值量和市级文保单位的价值量相当，所以在遗产普遍价值评定当中，我们把历史文化保护区和市级文保单位归为同一等级，给以相同分数。具体普遍价值评估标准表如表3-1所示。在评分依据表中，我们根据国家文物保护级别，将遗产普遍价值分为五个等级：一级、二级至五级，依据等级相应地划分分值：100、80至20，通过分值的比较直观地显现出个遗产点普遍价值的大小。

水文化遗产普遍价值评分依据表　　表3-1

文保类别	级别	分值	简介
全国重点文物保护单位	一级	100	中华人民共和国对不可移动文物所核定的最高保护级别的文物保护单位，由中国国务院所属的文物行政部门（国家文物局）在省级、市、县级文物保护单位中，选择具有重大历史、艺术、科学价值者确定为全国重点文物保护单位，或者直接确定，并报国务院核定公布。从开始评比至今先后有七批文化遗产被列为全国重点文物保护单位
市级文物保护单位/历史文化保护区	二级	80	省（自治区、直辖市）级文物保护单位，由省、自治区，直辖市文化行政部门报省、自治区、直辖市人民委员会核定公布，并报国务院备案，并由省（直辖市）人民政府正式对外公布并竖立标志的省级文物保护单位，评定依据主要根据它们的价值大小 历史文化保护区是指经国家有关部门、省、市、县人民政府批准并公布的文物古迹比较集中，能较完整地反映某一历史时期的传统风貌和地方、民族特色，具有较高历史文化价值的街区、镇、村、建筑群等，是我国文化遗产的重要组成部分，是保护单体文物、历史文化保护区、历史文化名城这一完整体系中不可缺少的一个层次，也是我国历史文化名城保护工作的重点之一
区级文物保护单位	三级	60	县（区）级文物保护单位，由县、市文化行政部门报县、市人民委员会核定公布，并报省、自治区、直辖市人民委员会备案，评定依据主要根据它们的价值大小
文物普查登记项目	四级	40	具有一定的历史文化价值，符合文保单位的审批标准但尚未被列为文物保护单位的范畴
非文物保护单位	五级	20	历史文化等遗产价值较低，不具备文保单位资格审查条件

（三）水文化遗产生态价值评定

由于水文化遗产和水密切相关，和周围环境紧密联系，水文化遗产的生态价值是水文化遗产的重要价值内容。在对水文化遗产价值评估过程中，我们把遗产的生态价值单独列出，建立一个单独的体系对其进行评估。我们根据水文化遗产的环境生态属性及环境生态相关评估理论，对遗产生态价值的评定主要从三方面展开：水文化遗产内部或周边的水质、植被状况、水体中生物状况。在综合国内外文化遗产价值评估理论和相关权威专家建议的基础上，将水质、相关植被状况、水体中生物状况三项分别赋予相同的权重系数，即33.33%。三项评估内容又分为五个等级，每一等级给予不同分数，以每项标准的得分乘以其在生态价值评估当中所占的权重系数，得出该项标准最后分数，最后将三项标准得分累积相加得出总分，总分即为遗产点生态价值的得分，得分高低代表遗产点的生态价值大小。按照水文化遗产生态价值的得分，将其分为五个等级，以此直观地表示水文化遗产的生态状况，具体的遗产生态价值评估标准表如下（表3-2）。

水文化遗产生态价值评分依据表 表3-2

分数	权重	评估细项				
	33.33%	水质				
		I	II	III	IV	V
		100	80	60	40	20
	33.33%	周边植被状况				
		优	良	中	差	较差
		100	80	60	40	20
	33.33%	水中生物群落及生态系统状况				
		优	良	中	差	较差
		100	80	60	40	20
		合计				

（四）水文化遗产综合价值评定

在什刹海水文化遗产价值体系中，水文化遗产综合价值的计算并不是普遍价值分值和生态价值分值的简单相加。因为水文化遗产的普遍价值和生态价值两者重要性不同，所以在水文化遗产综合价值评估过程中，两者所占的权重系数也不同。在评定过程中我们通过权衡水文化遗产普遍价值和生态价值重要性，以及综合多位相关专家的意见，将水文化遗产的普遍价值权重系数定为70%，水文化遗产的生态价值权重系数定为30%。在确定普遍价值和生态价值权重系数的基础上，以每项价值的分值乘以每项价值的权重系数，其后将两项数值相加得出水文化遗产的综合价值分值（图3-2），即：某水文化遗产综合价值=（普遍价值×70%）+（生态价值×30%），具体评估如（表3-3）。

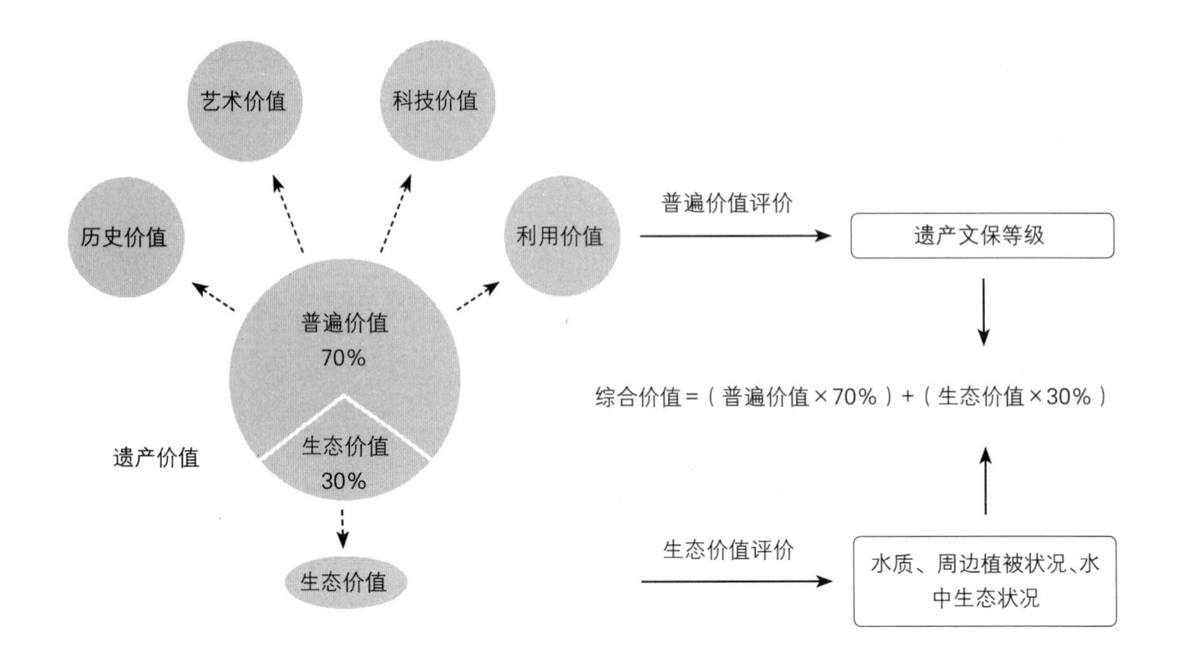

图3-2 水文化遗产价值评估框架（图片来源：作者自绘）

综合价值计算表 表3-3

综合价值	权重系数	价值分值
70%a+30%b	70%	普遍价值分值a
	30%	生态价值分值b

三、水文化遗产价值评估结果

（一）普遍价值评估结果（表3-4～表3-7）

水文化遗产的普遍价值直接体现就是各个遗产的文保级别，因此在遗产普遍价值的评定过程中，根据各遗产点的文保级别判定其普遍价值大小，赋予不同的分数，并按照得分确定各类遗产的排名，其结果如下：

河湖水系水文化遗产普遍价值评估结果 表3-4

	序号	名称	状况描述	文保类别	普遍价值得分	排名
河湖水系	1	玉河	在元朝时，玉河段作为京杭运河的末端河道，是京杭运河历史变迁及元明漕运历史的见证，具有较高的历史价值	全国重点文物保护单位	100	1
	2	后海	水域周围多王府、名人故居，并有较多知名胡同，为北京重要的建筑遗产保护区域之一，有极高的历史文化价值	北京市文化保护区	80	2
	3	前海	什刹海的一部分，历史悠久，是北京目前较为完整的文化保护区，具有较高的历史文化价值	北京市文化保护区	80	2
	4	西海	什刹海的一部分，位于什刹海东北部，周围为幽静的居民区，人文气息浓厚	北京市文化保护区	80	2

水利设施水文化遗产普遍价值评估结果 表3-5

	序号	名称	状况描述	文保类别	普遍价值得分	排名
水利设施	1	万宁桥	元朝时建，初名万宁桥，又称海子桥、后门桥。位于北京城中轴线的北部，是元代通惠河上游的重要通道，是研究元代北京漕运的实物，历史价值、艺术价值、使用价值较高	北京市市级文物保护单位	80	1
	2	银锭桥	历史悠久，承载着丰富的历史文化信息；桥上风景“银锭观山”，是燕京小八景之一，在旧时北京城具有较高的知名度，桥的艺术价值、社会情感价值较高	北京市区级文物保护单位	60	2
	3	德胜桥	建于明代，是什刹海区域现存的重要古桥之一，具有一定的历史价值、艺术价值	北京市区级文物保护单位	60	2
	4	西压桥	位于在地安门西大街与前海及北海交接处，又名“西步粮桥”。现桥原貌已不存在，仅存遗迹，桥面上为沥青路面	非文保单位	20	3

续表

	序号	名称	状况描述	文保类别	普遍价值得分	排名
水利设施	5	澄清闸	位于万宁桥上游，始建于元代，是元代积水潭调蓄水位的水闸和京杭运河进入积水潭的最后一道闸口，现仅存遗迹	非文保单位	20	3
	6	东不压桥	横跨玉河之上，是元代玉河重要的历史遗迹，原桥已失，现桥旧址上又复建了一座新桥	非文保单位	20	3

园林景观水文化遗产普遍价值评估结果　表3-6

	序号	名称	状况描述	文保类别	普遍价值得分	排名
园林景观	1	萃锦园	恭王府的后花园，全园规模宏大，兼具南北园林之特色，融汇诸多能工巧匠之技艺，堪称“什刹海的明珠”，具有极高的历史价值和艺术价值	全国重点文物保护单位	100	1
	2	宋庆龄故居	花园历史悠久，规模较大，园内山水环绕，建筑精致，是清末京城“四大府邸花园”之一；花园曾改为宋庆龄居所，也是纪念缅怀宋庆龄的重要场所，具有极高的历史价值	全国重点文物保护单位	100	1
	3	棍贝子府花园	清代一座大型的王府花园，花园继承了明代名园太师圃的风韵，主体格局一直保存至今，有一定的艺术价值，1956年，花园被改为积水潭医院的后花园	北京市区级文物保护单位	60	2

祠庙碑刻水文化遗产普遍价值评估结果　表3-7

	序号	名称	状况描述	文保类别	普遍价值得分	排名
祠庙碑刻水文化遗产	1	万宁桥水兽	元明时期遗留，是区域水系变迁的重要实证，水兽雕刻精致，姿态不一，形象生动，展现出古代高超的雕刻艺术水平，历史价值、艺术价值较高	北京市市级文物保护单位	80	1

续表

	序号	名称	状况描述	文保类别	普遍价值得分	排名
祠庙碑刻水文化遗产	2	汇通祠石碑	清乾隆二十六年（1761年）重修汇通祠时所立，碑阴阳两面刻有乾隆御诗；石碑是什刹海区域现存的重要历史遗迹之一，也是研究区域历史的重要实物，具有一定的历史价值	北京市区级文物保护单位	60	2
	3	汇通祠石螭	清代汇通祠的遗物，原石雕水兽已不知去向，现汇通祠旁的水兽为仿制而成	非文保单位	20	3
	4	汇通祠	祠庙始建于明永乐年间，其后被毁，现又重建，并改为郭守敬纪念馆	非文保单位	20	3

（二）生态价值评估结果（表3-8～表3-11）

根据上文制定的遗产生态价值评分依据表，评定各遗产的水质、周边植被状况、水中生物群落及生态系统状况，得出相应的分值，并按照相关权重系数得出遗产生态价值的综合得分，其结果如下：

河湖水系水文化遗产生态价值评估结果　　表3-8

	序号	名称	状况描述	生态价值得分	排名
河湖水系	1	玉河	水质为Ⅲ类水，湖中动植物量丰富，水草茂盛，周边植被状况较好，河岸生态状况佳	87	1
	2	前海	水质为Ⅲ类水，较后海和前后海差，水中动植物状况良好，水中植物较少，周边植被较多，植被茂盛，环境优美，但河岸驳化，堤岸生态状况差	73	2
	3	西海	水质为Ⅲ类水，水中动植物状况中等，周边植被状况良好，植被较多，环境清幽	67	3
	4	后海	水质为Ⅲ类水，水中动植物状况中等，周边植被状况中等，岸边多为高大树木，河岸驳化	60	4

水利设施水文化遗产生态价值评估结果 表3-9

	序号	名称	状况描述	生态价值得分	排名
水利设施	1	银锭桥	桥底下水质为Ⅲ类水，水中动植物状况良好，水中置有生态浮床，周边植被状况中等	67	1
	2	西压桥	桥底下水质为Ⅲ类水，水中动植物状况一般，水中植物较少，周边植被状况良好，桥体东侧植被丰茂，植物种类多样	67	1
	3	德胜桥	桥底下水质为Ⅲ类水，水中动植物状况中等，周边植被状况中等，桥体两侧有高大的乔木	60	2
	4	万宁桥	桥底下水质为Ⅳ类水，水中动植物状况中等，周边植被状况较差，植被较少，文物位于环境中较为突兀	47	3
	5	澄清闸	闸紧邻万宁桥，位于桥体东侧，生态状况和万宁桥相同	47	3
	6	东不压桥	桥体已被改造，现桥体下无水，周边植被较多	26	4

园林景观水文化遗产生态价值评估结果 表3-10

	序号	名称	状况描述	生态价值得分	排名
园林景观	1	棍贝子府花园	花园水质为Ⅲ类水，水质良好，水中动植物状况一般，院内植被状况较好，植被丰茂	73	1
	2	萃锦园	花园水质为Ⅳ类水，水体浑浊，透明度较低，伴有腥臭味，水中动植物状况一般，植物较少，水生动物较多，院内植被丰茂，植物种类较多，植被状况较好	67	2
	3	宋庆龄故居	花园水质为Ⅳ类水，水体浑浊，水中动植物状况一般，植物较少，院内植被丰茂，植物种类较多，植被状况较好	67	2

祠庙碑刻水文化遗产生态价值评估结果 表3-11

	序号	名称	状况描述	生态价值得分	排名
祠庙碑刻	1	汇通祠	祠庙周边水质为Ⅲ类水，水中动植物状况良好，周边植被丰茂，生态环境良好	73	1

续表

	序号	名称	状况描述	生态价值得分	排名
祠庙碑刻	2	汇通祠石碑	碑体周边水质为Ⅳ类水，水体浑浊，水中动植物状况差，水中生物较少，周边植被状况较好，植物种类繁多，植被茂盛	60	2
	3	汇通祠石螭	碑体周边水质为Ⅳ类水，水环境质量较差，水中动植物状况差，水中生物较少，周边植被状况较好，植被茂盛	60	2
	4	万宁桥水兽	水兽紧邻万宁桥，位于桥体两侧，生态状况和万宁桥相同，整体生态环境质量较差	47	3

（三）综合价值评估结果（表3-12～表3-15）

水文化遗产的综合价值计算公式为：综合价值=（普遍价值×70%）+（生态价值×30%），按照上文得出的普遍价值和生态价值得分，通过综合价值计算公式得出相应的评估结果：

河湖水系水文化遗产综合价值评估结果 表3-12

	序号	名称	普遍价值得分	生态价值得分	综合价值得分	排名
河湖水系	1	玉河	100	87	96	1
	2	前海	80	73	78	2
	3	西海	80	67	76	3
	4	后海	80	60	74	4

水利设施水文化遗产综合价值评估结果 表3-13

	序号	名称	普遍价值得分	生态价值得分	综合价值得分	排名
水利设施	1	万宁桥	80	47	70	1
	2	银锭桥	60	67	62	2
	3	德胜桥	60	60	60	3
	4	西压桥	20	67	34	4

续表

	序号	名称	普遍价值得分	生态价值得分	综合价值得分	排名
水利设施	5	澄清闸	20	47	28	5
	6	东不压桥	20	26	22	6

园林景观水文化遗产综合价值评估结果　　表3-14

	序号	名称	普遍价值得分	生态价值得分	综合价值得分	排名
园林景观	1	萃锦园	100	67	90	1
	2	宋庆龄故居	100	67	90	1
	3	棍贝子府花园	60	73	64	2

祠庙碑刻水文化遗产综合价值评估结果　　表3-15

	序号	名称	普遍价值得分	生态价值得分	综合价值得分	排名
祠庙碑刻	1	万宁桥水兽	80	47	70	1
	2	汇通祠石碑	60	60	60	2
	3	汇通祠	20	73	36	3
	4	汇通祠石螭	20	60	32	4

通过评估结果可以看出，在河湖类水文化遗产中，玉河综合价值最高，反映了玉河较高的历史文化价值和较好的生态状况。前海、后海、西海普遍价值相同，前海生态状况略好。桥闸类遗产中，万宁桥普遍价值最高，但生态状况较差，银锭桥和德胜桥排名位于万宁桥之后，两者皆为西城区文保单位，普遍价值相当，银锭桥生态状况稍好，综合价值稍高于德胜桥。园林遗产中，萃锦园和宋庆龄故居均为全国重点文物保护单位，两者综合价值相同。祠庙碑刻类遗产中，遗产综合价值最高的为万宁桥水兽，其次为汇通祠石碑，汇通祠石螭分值最低。

通过分析，什刹海水文化遗产中，部分遗产点具有较高的普遍价值，但多数遗产点的生态价值得分较低，生态状况较差，这也和实际遗产调研状况相符，反映出区域遗产生态环境有待改善的一面。

以上对于什刹海水文化遗产价值的评估，首先借鉴国内外相关遗产的价值评估体系，并结合水文化遗产的特性，建立了一个针对水文化遗产价值的评估体系，在这个体系当中，水文化遗产的价值被分为普遍价值和生态价值，根据两种价值的特点相应地建立了不同的评估标准，得出什刹海各水文化遗产点普遍价值和生态价值分值。最后由两种价值及其权重系数综合得出各遗产点综合价值分值，以此来衡量什刹海水文化遗产价值量的大小。

4

第四章

什刹海水文化遗产保护开发的对策及建议

水文化遗产是文化遗产的一种特殊类别，其类型丰富多样，既有与水密切相关的河湖、园林和湿地等，也有特色较为鲜明的非物质水文化遗产，如民俗歌谣。因此水文化遗产的保护除结合传统的遗产保护理论外，还要注重结合遗产具体的类型，采取灵活的遗产保护策略。本文在什刹海水文化遗产保护探究的过程中，首先对什刹海水文化遗产质量状况进行了调查，分析了每种类型水文化遗产自身存在的保护问题，根据现存的问题，结合国内外水文化遗产保护开发的经验，提出了分类保护和综合开发的策略。

一、现状调查

状况调查是遗产保护的前提，也是下一步保护工作的依据。根据区域遗产特点，对于什刹海水文化遗产状况调查主要依照遗产的具体类别分类进行，并从遗产本体和周边环境两方面开展。

（一）水文化遗产质量状况调查（表4-1～表4-5）

1. 河湖水系水文化遗产状况调查

（1）玉河：2005年时，玉河河道重新改造恢复，并入全国重点文物保护单位大运河中。改造后的玉河整体面貌得到极大改善，河道周边建筑风貌古朴，和周边关系和谐，整体质量状况较好。生态状况方面，河道及岸边植物丰茂，河岸亲水性较好，但由于玉河水源为自来水，水体在河道中循环更新次数较少，水体流动性差，水质有待改善。

（2）后海：片区整体保护较好，区域文脉得到较好的传承。生态状况方面，湖岸两侧绿杨垂柳，环境清幽，但湖水水质一般，水中动植物状况中等，湖岸驳化，生态性较差，影响区域环境质量的提升和区域遗产价值的发挥。

（3）前海：周边酒吧林立，旅游开发过度，商业化气息过于浓厚，对区域历史文化价值造成了一定的损害。水质一般，湖边绿化较好，但湖岸驳化，缺乏亲水平台。

（4）西海：周围为幽静的居民区，周边街区古建筑保存状况较差，多为杂院，存在不合理的保护开发问题。水质差，水质有待改善。周边植被丰茂，整体环境质量较好。

2. 水利设施水文化遗产状况调查

（1）万宁桥：整体结构尚为完整，但桥表面风化严重。桥上为地安门外大街，交通拥挤，环境嘈杂，桥下水质较差，周边植被较少，环境较差。

（2）银锭桥：20世纪80年代新建，面貌较新。由于位于前海和后海交接处，过往游客众多，环境较为嘈杂。

（3）德胜桥：整体面貌改动较大，两侧护栏为新建，桥面中间一排护栏为原桥残迹，桥周边环境嘈杂，水质和植被状况一般。

（4）西压桥：原桥已不存在，现仅存桥体遗迹，桥上为沥青路面，桥下有水闸。

（5）东不压桥：现为玉河遗址公园的一部分，部分残存。

（6）澄清闸：位于万宁桥西侧，现已被损毁，仅存遗迹。

3. 园林景观水文化遗产状况调查

（1）萃锦园：园林保护状况较好，内部环境清幽，植被丰茂，景观优美，但园林中水体混浊，水质有待改善。

（2）宋庆龄故居：园林现为全国重点文物保护单位，保护状况较好，园中水质较差。

（3）棍贝子府花园：花园现为积水潭医院后花园，园林景观面貌改变较大。园内水质良好，植被茂盛，环境较好。

4. 祠庙碑刻水文化遗产状况调查

（1）万宁桥水兽：元代遗留的水兽现状斑驳，风化较为严重，其余三只明代的石刻保存状况较好。

（2）汇通祠：祠庙为近年重建，祠庙周边环境清幽，植被茂盛，周围环境优美。

（3）汇通祠石碑：石碑风化较为严重，字迹模糊。周边环境状况良好，但水质较差。

（4）汇通祠石螭：石螭位于汇通祠后，保存尚好。周边水体浑浊，对遗产造成较大的危害。

5. 民俗活动水文化遗产状况调查

（1）古巳春禊：由于什刹海近几年旅游业发展迅速，区域环境面貌变化较大。古巳春禊这一民俗活动缺少传承发展的条件，逐渐销声匿迹。

（2）夏日观荷：新中国成立后什刹海疏浚治理，转变为城市重要旅游景区，夏日荷花盛开一如往昔，每至荷花盛开之时，仍有络绎不绝的游人前来观看。

（3）冰上游嬉：由于良好的自然环境和人文氛围，滑冰游嬉这一活动在什刹海区域一直存在，只是近年气候变暖，什刹海水域冰冻状况不及古时，冰上游嬉活动盛况也不及往昔。

（4）盂兰盆会：盂兰盆会原属佛教节庆活动，至今仍然保留，但活动的热闹程度、群众参与规模与古时无法比拟，渐有衰落之势。

（二）存在的问题及原因分析

通过对什刹海水文化遗产的现状质量调查，发现什刹海区域水文化遗产的保护主要存在两方面的问题：一是各类型水文化遗产自身保护不合理，生态状况有待改善；二是各遗产点相对孤立，区域水文化遗产未能形成一个有机体。

水文化遗产自身保护问题主要是遗产周边环境差，遗产本体缺乏有效的保护。河湖、园林等水文化遗产生态环境质量不理想，水质一般，周边环境状况有待改善。桥闸、碑刻等水文化遗产保存状况较差，遗产本体风化严重，部分遗产仅存遗迹，保护现状堪忧。非物质水文化遗产由于缺乏相应的生存环境，也逐渐沉寂衰败。

水文化遗产点相对独立问题主要体现在区域遗产的保护方式上。目前什刹海水文化遗产呈点状分布，遗产缺少统一的规划与安排，各类型遗产之间以及遗产与环境之间缺乏有效的互动，水文化遗产的价值功用未得到有效的体现。区域内民俗等文化活动较少，人文氛围缺失，地区深厚的水文化内涵未被充分地诠释。

二、国内外相关保护经验

目前国内对水文化遗产的保护理论研究较少，尚未形成完整的体系，因此我们对于什刹海水文化遗产的保护探究，也没有相关导则理论来指导，只能从国内外相关水文化遗产保护的实践工作中，寻找可资借鉴的保护经验，作为什刹海水文化遗产保护探究的参考。

国内对水文化遗产保护研究的实例较多，其中较为典型的案例有京杭大运河清口枢纽水利工程遗产的保护、京杭大运河杭州段的保护等，国外较典型的案例有加拿大里多运河保护工程、美国黑石河峡谷遗产廊道保护等。

（一）国内相关案例研究

1. 京杭大运河清口枢纽水利工程遗产保护案例

大运河清口水利枢纽地处淮安市淮阴区，是黄河、淮河、运河的交汇之处。自战国时期清口就是南方地区通过邗沟联系中国北方的中枢，京杭大运河开通后，清口成为整个水运网络的枢纽（图4-1）。清口水利枢纽目前是京杭大运河水文化遗产最多、分布最广、价值量最大的区域。遗产类型主要有河道、水源、和水利工程等（图4-2）。然而由于我国遗产保护研究起步晚、清口枢纽价值一直未受到人们的重视，大多数遗产都缺乏相应的保护，周边环境恶化，整个遗产区域的保护现状较差。

针对这些问题，相关部门在枢纽遗产的保护工作中制定一系列的原则，包括整体保护的原则、真实有效的原则、可持续保护的原则。整体保护的原则，主要依据是清口枢纽水利工程遗产和它依托环境的密不可分性，只有将遗产放在区域环境当中，它们的历史价值、艺术价值、科学价值才能凸显出来。所以在具体保护中，既要对水利工程遗产本体采取保护，同时也要把水利工程遗产相关的河道、景观环境、遗产周边的环境纳入保护的范围中来。真实有效原则，主要是保护遗产内容的绝对真实性，采取划分保护区的做法，保证遗产保护工作的有效性。可持续保护的原则，主要是针对大运河的变化性特点，采取一种动态的保护手段对其进行保护。

在具体的保护措施上，主要有划定保护区和保护遗产本体两种手段。划定保护区是根据遗产的类别和遗产的重要程度，划定不同级别的保护区，以便于对保护区内的遗产进行整体的保护规划。保护区划定后，对于区内遗产本体的保护措施往往根据遗产类别而有所不同。如对于河道等遗产的保护重在河道的疏浚和环境整治，对于桥闸等水利工程设施则采取常规的遗产保护手段进行保护。

2. 京杭大运河杭州段保护案例

京杭运河杭州段是京杭大运河最南端的河段，是大运河的起点。在历史上，京杭运河杭州段一直是各个朝代治理和维护的重点。在此过程中，大运河

图4-1 淮安清口枢纽遗存景观
（图片来源：赵云、王喆《遗产申报如烹饪一席盛宴——大运河遗产调查与价值研究过程》）

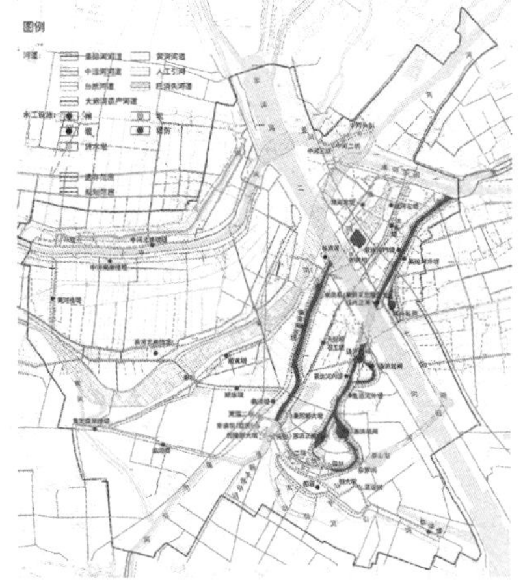

图4-2 清口枢纽遗产构成和分布
（图片来源：乔娜《清口枢纽水工遗产保护研究》）

杭州段融合中国南北地域不同的文化习俗，形成了独具特色的杭州运河文化，并由此留下了众多历史遗迹。目前杭州段拥有数量众多的闸坝、码头、古桥等物质形态水文化遗产，以及丰富多样的民俗风情等非物质形态的水文化遗产，这些水文化遗产数量众多，类型多样，形态较为完整，具有极高的历史文化价值（图4-3和图4-4）。

20世纪末，由于国势衰微及现代交通的发展，大运河逐渐破败，河道环境恶化，呈现脏、乱、差的状态。近年随着大运河申遗成功，京杭运河杭州段水文化遗产的价值得到极大重视，相关保护工作也迅速开展，目前针对杭州段水文化遗产的保护措施主要有三个方面：一是加强环境治理，对堵塞的河道加以疏通，对污染的河道进行治理，开辟生态绿色走廊，改善遗产周边环境，恢复环境原貌；二是对遗产本体采取保护措施，按照“真实性 、完整性、延续性 、可识别性”等保护原则和“修旧如旧、似曾相识”理念，对运河重要的水文化遗产进行保护修缮[①]。同时在遗产具体的保护措施中，按遗产不同类别加以有区别地保护开发，对于遗产价值较高的桥闸侧重于原貌保护，对于河道等实用价值较高的遗产则兼顾保护和开发，对于民俗活动等非物质文化遗产则注重其传承和创新；三是运用“遗产廊道”理念打造运河遗产景观带，通过绿带和游览路线将运河沿岸水文化遗产点串联起来，营造不同特色的文化景观（图4-5），借此适度地开发，促进水文化遗产的保护利用，发挥其价值功用（图4-6）。

图4-3 拱宸桥
（图片来源：周新华《杭州运河名胜》）

图4-4 杭州小河直街
（图片来源：周新华《杭州运河名胜》）

① 张志荣，李亮. 简析京杭大运河（杭州段）水文化遗产的保护与开发［J］. 河海大学学报（哲学社会科学版），2012，02：58-61+92.

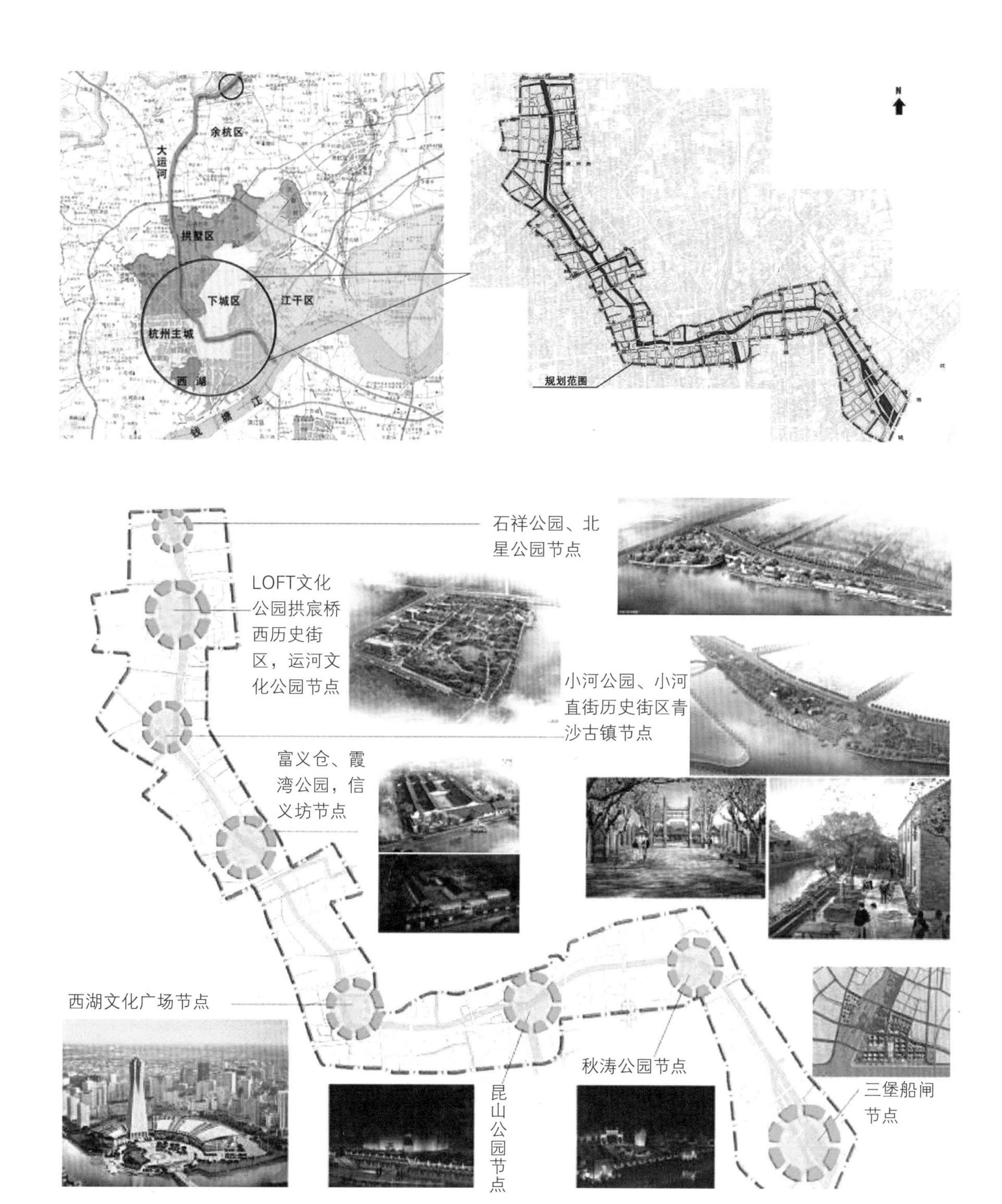

4-5

4-6

图4-5 京杭大运河杭州段规划范围
（图片来源：根据贺俏毅《杭州京杭大运河遗产廊道保护规划探索》改绘）

图4-6 京杭大运河杭州段物质文化遗产分布图
（图片来源：贺俏毅《杭州京杭大运河遗产廊道保护规划探索》）

（二）国外相关案例研究

1. 加拿大里多运河保护案例

里多运河是加拿大历史运河之一，其起点为安大略湖的金士顿海港，终点为渥太华河畔的渥太华，运河由河流、湖泊及人工运河组成，沿河有47个石建水闸和53个水坝。里多运河是最早为通行蒸汽轮船而设计建设的运河之一，并引进了同时代先进的欧洲技术——雍水系统。里多运河建成后曾发挥过巨大作用，其后随着现代交通的发展，里多运河的地位逐渐被铁路、公路等现代交通所取代，但运河至今仍保持着高度的完整性和真实性，是现存19世纪早期世界运河体系的典范之作，具有较高历史价值和科技价值。2007年里多运河被列入世界文化遗产名录（图4-7）。

图4-7 加拿大里多运河图

（图片来源：Holly M. Donohoe *Sustainable heritage tourism marketing and Canada's Rideau Canal world heritage site*）

加拿大政府对于里多运河的管理及保护十分重视，为此专门制定了里多运河的管理规划，规划内容主要包括对运河遗产本体及其生态进行保护。就遗产本体而言，根据具体保护内容可分为两个级别：第一等级针对运河水坝和桥闸等遗产，第二等级针对与运河相关的军事设施等。生态管理保护涉及的内容包含生物、自然景观资源及其他有价值的事物。保护措施也较为多样，既包括运河自然特征的保护研究，又涉及水生生物管理及保护等多种手段。为更好地保护里多运河，加拿大公园局还制定了10条原则，以此来规范里多运河的保护行动。这10项原则分别为：（1）理解景观特征；（2）保护湿地；（3）维护自然岸线；（4）开发建设缓冲区；（5）保护自然植被；（6）保留历史建筑和文化特征；（7）适宜的建筑设计；（8）基于低影响的船坞设计；（9）运河排污最小化；（10）寻找更多有益建议。这10条原则的主要思想理念是从周边自然和人为环境上对运河遗产进行整体保护，以最小干预原则保护遗产的生态性和原真性（图4-8）。

图4-8 加拿大里多运河
（图片来源：刘伯英《世界文化遗产名录中的工业遗产（11）》）

2. 美国黑石河峡谷遗产廊道保护开发案例

美国黑石河峡谷起点在马萨诸塞州伍斯特市，终点在罗得岛州普罗维登斯市，全长74km，跨越24个城镇和地区，是美国重要的历史保护区。该峡谷融合了自然、人文、历史等多要素于一体，沿途拥有众多的历史资源、文化资源、自然资源、旅游资源等，具有极高的历史文化价值（图4-9、图4-10）。

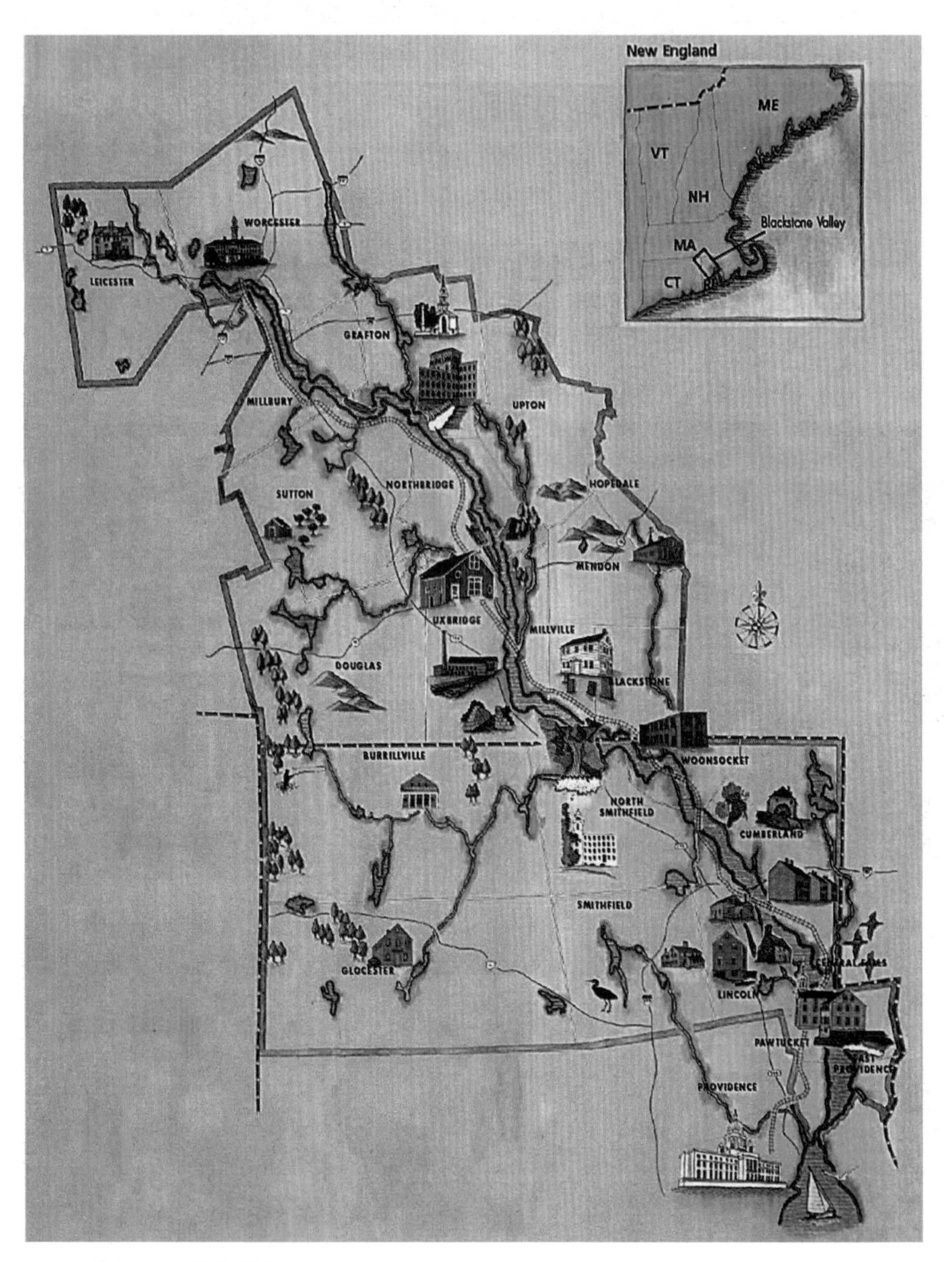

图4-9 美国黑石河峡谷流域图
（图片来源：王肖宇、陈伯超《美国国家遗产廊道的保护——以黑石河峡谷为例》）

图4-10 黑石河峡谷国家遗产廊道
（图片来源：刘佳燕、陈宇琳《专题研究》）

对于黑石河峡谷的保护开发，美国相关部门采用了一种较新的遗产保护开发理念——遗产廊道。这种方法综合线性绿色廊道和区域遗产，将自然、经济、历史文化三者并举，充分发挥了自然、文化、历史等资源优势。在具体的保护开发过程中，首先对遗产进行保护，按照遗产要素的重要性采取了三个层次的保护方案，即短期方案、中期方案、长期方案。短期方案主要优先保护能反映遗产廊道历史特色的关键点和区域；中期方案主要是加固和维护管理，着重保护和恢复峡谷重点河段；长期方案是复原重建一些河闸结构及次要河段。在对区域遗产进行保护的同时，管理者也十分注重遗产区域的综合开发。主要做法是在区域内建立游步道、绿带将遗产片区加以串联，形成遗产廊道，使参观者在廊道内不仅能够观赏自然景色，还能领略文化遗产的价值内涵。在廊道相关区域设置文字、图片等资料，让游览者学习廊道的历史，认识到廊道的重要性，从而更加自觉地保护遗产廊道。此外，还鼓励在遗产廊道上举办各种民族节庆活动，既增强遗产廊道的人文氛围，又对廊道起到了较好的宣传作用。通过建立遗产廊道，可全面保护廊道内的文化资源、自然资源、历史资源，从而达到综合保护遗产区域的效果。通过适度开发，促进廊道内观光旅游业的发展，让区域内自然文化底蕴得以展现，遗产价值内涵得以诠释，形成遗产保护开发的良性循环。

通过对上述遗产保护的案例可以看出，国内对水文化遗产的保护主要注重两个方面：第一，注重遗产的本体保护。遗产本体保护一般遵循真实性、完整性、可持续发展等保护原则进行，在具体的遗产保护过程中，往往按照遗产类型、现存状况、重要程度，相应地采取分类保护、分级保护等灵活的保护手段；第二，以遗产点为依托形成片区，注重水文化遗产片区整体的开发保护。加强区域整体或遗产周边的生态环境保护，对区域内的植被、景观制定详细的规划要求，同时避免孤立地保护单个的遗产点，增强遗产点和环境的互动性，这一点相比国内遗产保护理论，国外的理论和实践研究更加成熟。如加拿大里多运河的保护，相关部门分别从遗产本体、生态环境等多个角度制定了详细的规划，并从运河区域整体保护的角度出发，采取了一系列综合举措，举措涵盖河道自然、历史、文化等多方面的内容。而以黑石河峡谷为例的美国遗产廊道保护，其本质与西方其他国家的保护理念相同，即全面地整合区域内的自然、文化、历史等要素，建立一个主题性强的线性文化遗产景观廊道，从而更好地保护区域内的文化遗产，这一点对于国内线性水文化遗产的保护开发颇具借鉴意义。

三、保护对策研究

什刹海水文化遗产目前主要存在两方面的问题：一方面遗产本体保护措施不到位，遗产周边环境质量差。另一方面区域内遗产点相对孤立，遗产点之间以及遗产与环境之间缺少有效的互动，区域整体文化氛围较差，水文化遗产价值未得到有效的诠释。

从国内外相关遗产保护的案例可以看出，对于区域性文化遗产的保护一般从单体保护和区域保护两方面着手，结合什刹海区域特点和水文化遗产现状，我们提出对什刹海水文化遗产的保护应主要从两个方面展开：什刹海水文化遗产单体保护，水文化遗产整体保护开发。

（一）水文化遗产单体保护

水文化遗产类型多样，包括河湖、园林、湿地、桥闸等多种类型，所以在具体的保护措施中不能采用统一保护方法对待，宜根据具体的遗产类别，按照分类保护思想，采取灵活的修缮保护方法，对水文化遗产实施合理有效的保护。本文在水文化遗产分类的基础上，结合不同类型遗产的属性，将什刹海水文化遗产分为五个类别分别阐述其保护思路。

1. 河湖水系水文化遗产

河湖水系水文化遗产是区域水文化衍生发展的根源，也是区域内其他类型水文化遗产依存的母体，在区域遗产中居于核心地位。对于河湖水系水文化遗产的保护，应考虑河湖遗产的属性，着重河湖的生态治理。目前什刹海区域主要依托的水系包括西海、后海、前海以及玉河，区域河湖水系存在的问题主要是水质较差、湖中水生植物少、湖岸驳化、径流污染、生态系统脆弱等（图4-11），本文根据这些问题结合河湖水文化遗产保护的实际要求，提出保护什刹海河湖水文化遗产的几种措施，各个遗产点根据实际情况采取相应的举措（表4-1）。

水体污染

湖岸驳化

雨水径流直流

植被稀疏

垂钓投食

区域风貌不统一

图4-11 什刹海河湖水文化遗产现存问题（图片来源：作者自摄）

河湖水系水文化遗产存在问题和应对措施 表4-1

	序号	名称	现状问题	应对措施
河湖水系	1	玉河	水质一般，其余状况良好	A
	2	后海	湖水水质一般，河床硬化，湖岸驳化，水中植物不多，湖泊生态性有待提高	A B C D E
	3	前海	周边旅游开发过度，酒吧林立，形式各异，湖岸驳化，缺乏亲水平台，水生植物不多	B C D E G
	4	西海	周边街区古建筑保存状况较差，多为杂院，水质差，水质质量有待改善；湖岸驳化，亲水性差，湖岸缺少护栏，存在雨水径流污染；非法垂钓活动较多，向湖中投食现象普遍	A B C D E F G

A　净化水体措施：对河湖水体的净化主要是针对什刹海各河湖水质较差的问题，采取的应对措施有：入水区设置水生植物塘、设置曝氧除藻等净化水体装置。

B　生态驳岸：主要解决河道驳岸垂直硬化，亲水性不强，形式封闭单一等问题。驳岸可结合防渗技术，采用生态性良好的石块驳岸，利用石块缝隙间的土壤，为水中动植物的生存提供条件。此外，生态驳岸设计还应考虑到游人和水体的接触，通过构造不同形式的亲水平台，增加堤岸的亲水性。

C　生态河床：建设生态河床主要是应对湖泊生态系统脆弱、河床环境过于单一等问题。进行河床构造的改造，可以采用抗渗黏土生态河床，促进水生植物的生长，有效地恢复湖泊的生态性。还可通过营造浅滩、湿地等不同的河床地质环境，为不同生物的栖息提供环境，提高水生生物的多样性，促进水体生态功能的恢复。

D　湖岸雨污阻拦：目前什刹海部分水域湖岸没有相应的雨污阻拦设施，导致较多的雨水径流直接流入湖中，应对措施为加强湖岸周边径流排污设施建设，在湖岸周边增加挡水护栏，还可将岸基周边的绿地和灌木丛改建为下凹式，以此收纳和净化径流雨水。

E　增加水生植被：目前什刹海湖区水生植物较少，湖泊生态脆弱，显著地影响了水质以及湖泊景观效果，为此可在湖泊岸基水域较浅处栽植水生植物，也可在湖泊来水区架设生态浮床。

F　河湖环境监管：采取河湖环境监管主要是应对湖区垂钓活动较多，垂钓投食及丢弃废弃物现象普遍等问题，对此需加强河湖周边环境监管，制止非法垂钓、投食等污染水体行为。

G 区域控制性规划：什刹海部分水域周边存在违建乱建现象，建筑形式各异，影响区域整体风貌，对此需制订详细的规划细则，对区域所建建筑的使用性质、高度、色彩、形式等有所限制，使保护区域建筑风格协调统一。

2. 水利设施水文化遗产

水利设施水文化遗产是什刹海区域数量最多的遗产类型，历史上什刹海区域存在近二十多处闸坝。随着时代的变迁，这些闸坝逐渐消失，仅剩下为数不多的几处。桥闸属于水利工程设施遗产，具有一般物质文化遗产的属性，对其进行修缮保护时应严格遵循“真实性、完整性、延续性、可识别性”等文化遗产保护原则，并在此基础上根据遗产价值量大小和遗产现存状况采取相应的保护措施。目前什刹海现存五处桥闸水文化遗产，其中万宁桥被列为市级文物保护单位，德胜桥和银锭桥被列为区级文物保护单位，文保部门对三处文保单位已按其价值和现状采取了相应的保护措施，东不压桥和澄清闸仅存遗迹，已无复建的价值。本文根据什刹海水利设施水文化遗产现存的问题（图4-12），在现有保护措施的基础上提出若干建议，以更利于遗产点的保护（表4-2）。

A 划定保护区：什刹海现存古桥均发挥着交通作用，桥上是城市主要交通道路，来往频繁的车辆对桥体造成了一定的损害。为更好地保护此类文化遗产，建议划定保护区，根据相关规定，界定保护区的范围，并根据遗产现状和周边环境划定具体的保护区域。对于遗产点周边的交通需求，可建造下凹式交通道路，在遗产点地下开辟交通道路，为遗产点营造一个良好的保护氛围。

B 环境卫生整治：该措施主要针对遗产点周边环境卫生差的问题。对此可通过设置标示牌、制定条例加以监管，并增配区域垃圾箱数量，保持遗产周边环境的整洁。

车辆过往频繁

周边环境杂乱

图4-12 什刹海水利设施水文化遗产现存问题

水利设施水文化遗产存在问题和应对措施 表4-2

	序号	名称	现状问题	应对措施
水利设施	1	万宁桥	桥上为地安门外大街，交通拥挤，环境嘈杂	A
	2	银锭桥	桥周边客流量大，环境较为嘈杂	B
	3	德胜桥	桥周边环境较嘈杂，环境卫生状况有待改善	BC
	4	西压桥	原貌已不存在，仅存遗迹	C
	5	东不压桥	桥体部分残存，缺少显著的遗产保护标示	CD
	6	澄清闸	闸现已被损毁，仅存遗迹，缺少显著的遗产保护标示	CD

C 维持遗产现状：对遗产不做任何处理，维持现状。

D 设置标示牌：在遗产保护范围的边界上设置明显遗产保护标志，以防止遗产被进一步破坏。

3. 园林景观水文化遗产

历史上什刹海周边园林苑囿众多，这些园林大多为清代权贵所建，园林内部开山引水、亭阁散布，环境优美，建造工艺卓著，在北京私家园林中也具有较高的代表性。由于园林景观水文化遗产具有一般园林的属性，对其保护既要从园林维护的角度出发，注重园林生态修复，也要遵循文化遗产保护的一般原则——“完整性”、“原真性”、“可识别性”等，并根据其实际的问题，提出相应的保护策略。目前什刹海现存三处园林景观：萃锦园、宋庆龄故居、棍贝子府花园。萃锦园和宋庆龄故居是国家重点文物保护单位，棍贝子府花园为西城区文物保护单位，目前三者现状保存较好，不存在严重的保护问题，但还存若干问题有待改善，如园区游客数量过多、水质差等（图4-13）。为此提出几种保护建议，各个遗产点可根据实际情况采取相应的措施（表4-3）。

A 控制游客数量：近年什刹海园林景区游客数量呈逐年攀升趋势，部分景区游客超载，游客数量过多不仅会对景区环境造成一定的危害，对园林遗产的修缮保护造成一定的影响，还会影响游客游览观光的体验[①]。因此必须适时对游客数量加以控制，可通过调整门票价格、提前预约等方法均衡园区旺季淡季游客数量，并适当限制旅游高峰期游客在园区内停留的时间，避免园区拥堵。

B 水质净化：水质差是目前什刹海园林景观普遍面临的一个问题，部分景观水体发黑、发臭、蚊蝇密布，严重影响了景区环境。原因主要是园内水体

① 郑建南. 园林类文化景观遗产的保护［D］. 浙江大学，2014.

游客数量过多

水质差

园林面貌改动大

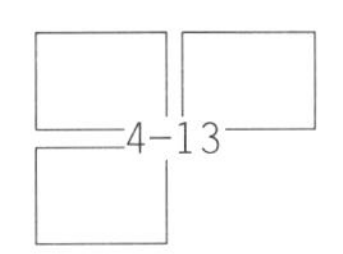

图4-13 园林景观水文化遗产存在问题
（图片来源：作者自摄）

园林景观水文化遗产存在问题和应对措施 表4-3

	序号	名称	现状问题	应对措施
园林景观	1	萃锦园	园林旺季游客众多，环境压力大，环境卫生状况亦不理想；生态环境方面，园林中水体流动性较差，水质有待改善	A B C
	2	宋庆龄故居	园中水体缺乏流动性，水质较差，生态环境质量有待改善	B
	3	棍贝子府花园	园林景观面貌改变较大，园中水池被改造，部分园林建筑也被拆除	D

流动性差、水体更新补充不及时、落叶腐殖质污染、游客废弃物污染等。对此可为景区水体加装净化装置和泵水装置，改善水质和水体流动性，及时补充更新水体和清除水面落叶，保持一定的养护强度。

C 加强环境治理：什刹海三处园林景观目前皆存在一些环境问题，主要是部分游客环保意识不强，垃圾废弃物随意丢弃，乱刻乱画、践踏花木现象普遍。对此需加强环保宣传，加强园林环境管理。

D　加强遗产原真性和完整性保护：此举措主要是针对园林在保护修缮过程中，不注重原有景观的保护，对原植物、建筑原貌随意改造的现象。因此需督促相关部门在对园林修缮时应严格依照文化遗产保护原则，注意保存园林景观的原有面貌和山水景观格局，尤其是园林景观意境和营造意图的保护，避免对园林文化内涵造成损害。

4．祠庙碑刻水文化遗产

什刹海祠庙碑刻水文化遗产由古代祭祀、水利记事而产生，具有较高的历史文化价值，集中反映了古代中国理水、治水的思想。目前什刹海碑刻祠庙类型的水文化遗产共计四处：万宁桥水兽、汇通祠石碑、汇通祠石螭、汇通祠。对于此类水文化遗产的保护，除了要从一般的遗产修复角度考虑外，还要加强遗产周边水环境的治理，为遗产点营造良好的水域氛围。针对现在什刹海碑刻祠庙类水文化遗产存在的问题，我们提出若干保护建议，各遗产点根据实际情况采取相应的措施（图4-15、表4-4）。

A　周边水域环境治理：什刹海几处碑刻祠庙类水文化遗产皆临水而立，个别遗产点周边水域环境质量较差，对遗产的价值造成了较大的损害，对此需加强周边水体治理，以营造良好的水域氛围。

B　维持遗产现状：对遗产不做任何处理，维持现状。

C　设置标示牌：在遗产保护范围的边界上设置明显遗产保护标志，以防止遗产被进一步破坏。

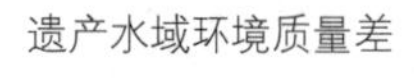

遗产水域环境质量差

遗产风化严重

图4-14 祠庙碑刻水文化遗产存在问题（图片来源：作者自摄）

祠庙碑刻水文化遗产存在问题和应对措施 表4-4

	序号	名称	现状问题	应对措施
祠庙碑刻	1	万宁桥水兽	元代遗留的水兽表面已斑驳陆离，三只明代遗留的水兽面貌纹理较为清晰	ACD
	2	汇通祠	建筑为近年重建，环境清幽，状况较好	B
	3	汇通祠石碑	碑刻风化严重，字迹模糊	CD
	4	汇通祠石螭	石螭周边水体浑浊，环境质量较差	AC

D 进一步加强修缮保护：部分遗产点风化严重，需从文物修复的角度采取措施，加强遗产的保护。

5. 民俗活动水文化遗产

非物质文化遗产是指各种以非物质形态存在的，与群众生活密切相关、世代相承的传统文化表现形式，包括传统表演艺术、民俗活动和礼仪与节庆等多种形式，什刹海非物质水文化遗产主要为民俗活动。这些民俗活动是区域人民在日常生活当中形成的和水文化有关的意识形态、生产生活方式和习俗，是区域人民对水文化的认知和审美的体现，也是区域文化的重要组成部分，具有重要的历史文化价值。目前什刹海民俗活动水文化遗产都呈衰落的态势，面临着严峻的保护传承问题。本文针对什刹海非物质文化遗产的现存问题，从非物质文化遗产保护的角度提出了若干建议，以期更好地保护传承什刹海非物质水文化遗产（表4-5）。

A 建立档案：非物质文化遗产存在形式和物质文化遗产存在形式截然不同，其存在具有不稳定性。对非物质文化遗产的保护，首要的工作是为每种遗产建立档案，摸清其留存状况、资源特色、现状问题等，在此基础上才能制定合理的保护发展策略。同时还应以图片、视频的形式将非物质文化遗产记录下来，为以后的传承发展保存宝贵的材料。

B 适当开发，加强宣传：对于什刹海非物质民俗活动水文化遗产，应该秉承一种以开发促保护的态度。非物质文化遗产只有通过适当地开发宣传，让民众参与和了解，才能让这些遗产为民众所知，并发扬光大，让其自身的文化价值得以诠释，同时适当地开发可以筹集一定的资金，为遗产的保护提供必要的条件。

C 创建传承条件：每种非物质文化遗产都有其生存发展的基础，而其衰败也多因为缺乏良好的传承条件。对于什刹海民俗活动水文化遗产我们应积极为其创造发展延续的客观条件。例如“夏日观荷”，其活动的兴盛程度就和“荷

民俗活动水文化遗产存在问题和应对措施 表4-5

	序号	名称	现存问题	应对措施
民俗活动	1	古巳春禊	民俗活动缺少相应的传承条件，逐渐消亡	AD
	2	夏日观荷	活动保留至今，但活动的盛况和知名度逐渐降低	ABCD
	3	冰上游嬉	由于近年气候变暖，冰嬉这一活动缺少相应的自然条件而逐渐衰落	ABC
	4	盂兰盆会	活动至今仍然保留，但活动盛况与古时无法比拟	ACD

花规模”、“景观质量”、“活动知名度”、“区域交通状况”等诸多因素密切相关，因此我们可以通过改善这些客观条件，为这些民俗活动营造良好的环境氛围，努力将其打造成区域内特色旅游项目。

D 建立传承机制：非物质文化遗产的衰落和遗产本身缺乏固定的传承机制密切相关，什刹海民俗活动也面临着类似问题。为此我们可以根据每种民俗活动的特点，将其活动流程通过条文形式固定下来，确定固定的参与人员、举行日期、活动内容，并通过定期举办使其成为区域特定的活动，保证这些民俗活动能够永久地传承下去。

（二）水文化遗产整体保护开发

除了遗产本体保护工作尚待完善外，当前什刹海水文化遗产的保护还存在诸多问题，如区域内遗产点过于分散，遗产点未能和周边环境有效地融合，遗产价值未充分地展现，遗产保护仅停留在静态保护层面上。针对这一问题我们可以借鉴里多运河和黑石河峡谷的保护案例，采取遗产廊道保护开发模式对什刹海水文化遗产进行综合保护开发。“遗产廊道”是发源于美国的一种区域化的遗产保护方法，是绿色通道发展和文化遗产保护区域化结合的产物[①]。其概念为：“拥有特殊文化资源集合的线性景观，通常带有明显的经济中心，蓬勃发展的旅游，老建筑的适应性再利用，娱乐及环境改善”[②]，概念当中明确了遗产廊道建设的一系列标准：要求区域符合线性特点、丰富的历史文化资源、自然景观较好、能够通过旅游带动经济发展（图4-15）。

① 王肖宇，陈伯超. 美国国家遗产廊道的保护——以黑石河峡谷为例［J］. 世界建筑，2007，07：124-126.

② Charles A.Flink, Robert M.Searns. Greenways. Washington：Island Press, 1993，167.

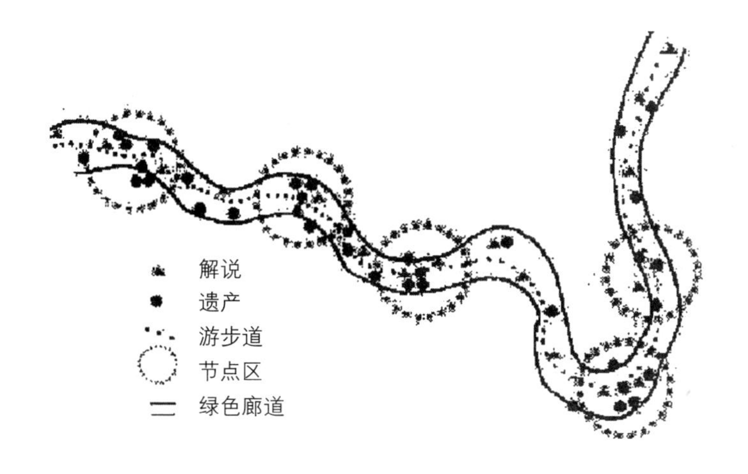

图4-15 遗产廊道结构示意图
（图片来源：王志芳，孙鹏《遗产廊道——一种较新的遗产保护方法》）

什刹海作为北京著名历史文化名胜区，是一个依托前海、后海、西海的线性区域，风景优美，自然条件优异，区域历史悠久，水文化内涵深厚，水文化遗产数量多且类型多样（图4-16）。什刹海区域还是北京历史文化保护区，周边四合院众多，历史风貌保存完整，此外区域地理交通十分便捷，旅游业旺盛。这些现状条件都比较符合遗产廊道的建设要求，因此本节结合什刹海现状，借鉴遗产廊道保护理念，探究建立一个以什刹海水文化遗产保护为主题的遗产廊道体系。体系中把什刹海水文化遗产作为一个整体，以前海、后海、西海、玉

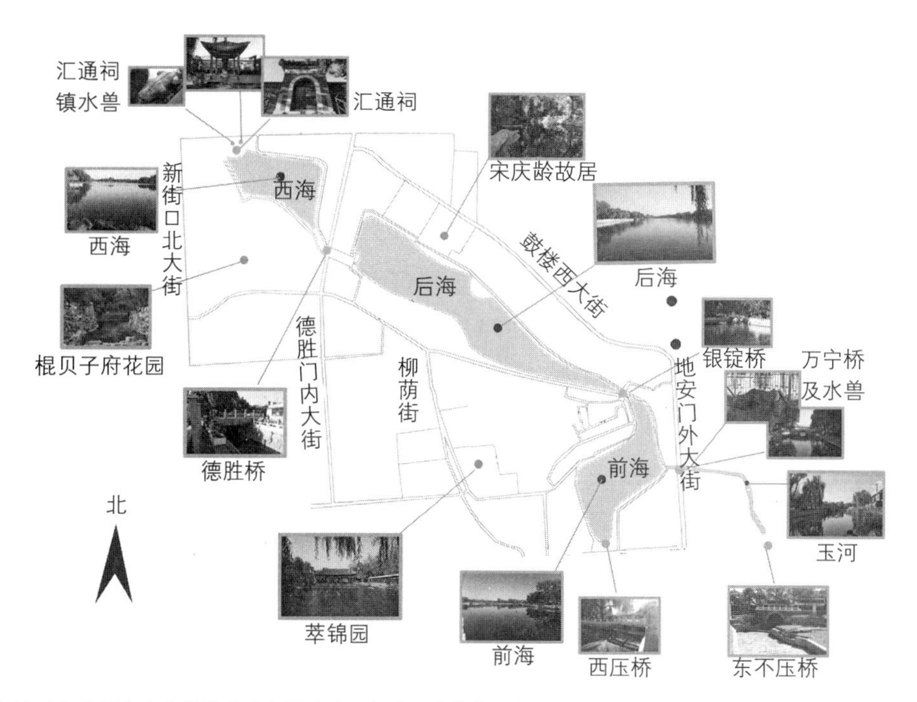

图4-16 什刹海水文化遗产分布图（图片来源：作者自绘）

河四片水域岸边环线为依托，通过合理地规划绿带和游憩线路，将区域内水文化遗产、自然景观、人文活动等不同要素加以串联，并通过线路上的解说系统对区域或节点内的历史文化加以解说，将自然与文化保护相结合，形成集历史、生态、文化为一体，以水文化展示为主题的遗产廊道体系[①]。通过适当的旅游开发，促进区域自然文化价值的发挥和文化遗产的保护，带动周边相关产业的发展，真正做到文化保护与资源发展相结合。什刹海遗产廊道的构建具体可以通过文化遗产保护、绿带构建、游道空间规划、解说系统四个方面实现。

1. 遗产保护

遗产廊道的建设首先建立在对区域遗产保护的基础上，对于什刹海水文化遗产的保护，除了采取上文中的分类保护方法以外，还应在此基础上进一步完善保护措施。对于片区类遗产（前海、后海、西海），在保护水域本体的同时，宜制定详细的规划，保证两岸景观的整体性，对水域两岸的建筑高度和形态、驳岸、道路界面、景观视廊、色彩等作出限定，保证水域风貌整体的原真性。对于桥闸、祠庙碑刻类遗产，需在上文分类保护的基础上按其保护级别划定保护范围，并对保护范围内的绿地景观、建筑物等提出一定要求，以此营造水文化遗产环境氛围，对遗产点展示形成有力的烘托。对于园林景观类遗产，需在分类保护的基础上，通过什刹海遗产廊道游览线路的外延，实现对其的利用开发（萃锦园和棍贝子府花园距离什刹海主体游览线路较远）。对于民俗活动非物质水文化遗产，则需依托遗产廊道的游憩空间对其进行宣传。

2. 绿带构建

绿带是遗产廊道的重要组成部分，其主要的作用是保护区域自然环境，保证绿色廊道内部文化遗产之间的联系，对遗产进行有效地衬托[②]。目前什刹海三海及玉河两岸已有一定规模的绿地景观带，但景观类型单一、绿带整体不连续，桥闸等遗产点周边突兀，不能满足绿带建设的要求。相应地需要依托什刹海三海、玉河两岸已建的绿带，继续完善绿带建设，增强绿带景观的连续性和绿带与周边空间的联系，增加绿带景观植被种类和景观的层次，并在桥闸碑刻等类型的遗产点周边也增建一定的绿带空间。通过绿带的建设可以有效地将区域内各孤立遗产点联系起来，增强体系内各要素之间的关联，实现各种要素的融合，形成一个有机的整体，从整体上提升区域环境的品质。连续绿带系统还可以为廊道内散布的文化遗产提供一个统一连续的基地背景，对水文化遗产进

---

① 王玏. 北京河道遗产廊道构建研究［D］. 北京林业大学，2012.
② 王志芳，孙鹏. 遗产廊道一种较新的遗产保护方法［J］. 中国园林，2001，05：86-89.

行有效的烘托，展示丰富的水文化遗产价值内涵。此外构建的绿带设施还可以为周边居民游客提供优良的绿色亲水空间，改善区域整体生态状况。

3. 游道空间规划

游道是遗产廊道中重要的慢速交通空间，其作用主要是连接廊道中各景观遗产要素，使人们在其中欣赏体验优美的自然环境和领略遗产廊道的历史文化内涵。游道形式多样，既可以在陆地上，也可以在水域中。针对什刹海区域特性，可以在区域内规划两条游道线路，一条是以什刹海湖岸为依托的陆地线路，一条是以水上观赏为主的水上线路。陆地线路可以依托什刹海和玉河现有的滨水步行道，但应首先保证水域沿线各遗产点的可达性，宜将沿什刹海散布的水文化遗产点有机地串联，形成一个完整的游道系统；其次，需加强道路的连贯性，现区域内的德胜桥和万宁桥均担负着城市重要交通，桥上车辆来往频繁，影响游客在区域内穿行，为此可以将桥上路面交通改为地下交通，为游客的游玩创造一个安全舒适的氛围。

除上述问题外，区域内滨水步行道空间形态也过于单一，人文内涵缺失，对此可以在游道及其周边增加空间节点，塑造休憩小广场，沿河可设置亲水平台，保证游憩空间的丰富性。还可以在游憩空间内举办清明踏青、盂兰盆会、夏季观荷等一系列主题的民俗文化活动，激发市民的参与性，促进什刹海民俗水文化遗产的开发和传承。通过加强游道空间的系统性和连贯性，将沿线的遗产点、绿带景观、休憩空间、文化活动整合在一起，形成一条以水文化遗产展现为主题，融合生态、休闲、景观等多种要素的文化旅游线路。水上游览线路可以根据什刹海水域状况规划一条“前海—后海—西海”水上游览线路，利用水面路线观赏水文化遗产点，增加区域空间的观赏面，从不同角度感知河道整体特征和景观特色。同时可以考虑适当增加水上路线的亲水活动，增添人们的游览体验，为河道增添人气，增加什刹海水域空间的活力，丰富游览路线的文化内涵。

4. 解说系统

在遗产廊道中，解说系统是廊道文化展示的一个重要手段，通过解说系统可以让公众了解遗产廊道的文化内涵和历史意义，调动公众参与遗产保护的积极性。

解说系统的构建首先需确立一个明确的解说主题，根据什刹海遗产廊道历史文化资源特点，可以将廊道解说的主题定位为“水文化”。区域内各主要遗产点或遗产片区的解说内容宜有所不同，如对于玉河的解说需注重漕运历史文化，对银锭桥的解说则注重其显著的人文特色。在解说手段上，可以对什刹海人力三轮游进行改造，对人力车夫适当培训，通过他们向游客口述不同遗产的历史渊源、文化特色，对什刹海水文化有效地解说。还可以在遗产点、片区、休闲广场、亲水平台内展示水文化遗产的图片、文字，以及设置相关主题的小品景观来展现区域水文化内涵，同时鼓励各种相关民俗活动在游憩空间内举行，营造良好的人文氛围，对廊道文化进行生动地诠释。廊道解说系统的利用，可以让参观者学习区域水文化历史，认识到廊道遗产的重要性，从而更加自觉地保护廊道遗产。

通过文化遗产保护、绿带构建、游道空间规划、解说系统四个方面构建什刹海遗产廊道体系，对区域历史文化资源实施全面的保护和开发。除此之外，还需加强什刹海遗产廊道的外延，加强什刹海廊道滨水线路空间和周边胡同空间的结合，使什刹海空间融入整个城市空间系统中。空间的结合能够促进什刹海区域水文化和周边胡同文化的融合，促进区域文化的多元化、综合化，以此构造更为立体全面的遗产廊道体系。

由于中国近代社会的衰落和当代的城市化进程加速，什刹海水文化遗产面临着诸多的问题。通过实际的调研发现什刹海水文化遗产主要面临的问题有遗产本体保护不到位、遗产缺乏统一保护规划等。参考京杭大运河清口枢纽水利工程遗产的保护和京杭大运河杭州段的保护两个较成熟的案例，结合什刹海水文化遗产实际的现状问题，提出保护什刹海水文化遗产两种举措：一是什刹海水文化遗产单体保护；二是什刹海水文化遗产的整体保护开发。其中单体保护主要依据区域遗产的类型和现状问题采取分类保护的思路，即不同类型的遗产采取不同的保护措施，同种类型的遗产根据其现状和重要性，采取的保护措施也不相同。区域的整体保护开发主要借鉴了国外线性遗产的保护方法，通过区域文化遗产保护、绿带构建、游道空间规划、解说系统四个方面构建什刹海水文化遗产廊道体系，以此更加系统地、完善地保护历史遗存，提升什刹海区域的环境品质和丰富区域历史文化内涵。

5

第五章

什刹海水文化遗产保护实践案例——玉河北段修复保护工程评析

玉河地处什刹海东侧，北与万宁桥相接，向南流经东不压桥，辗转至东便门外大通桥。玉河是古代通惠河重要的组成河道，见证了元代漕运历史，承载着丰富的历史文化信息，具有极高的历史价值，是什刹海区域水文化遗产重要代表。近年随着北京历史文化名城建设，玉河因其丰富的历史文化内涵受到相关部门关注，玉河北段的修复保护也被列入《北京历史文化名城保护规划》之中，作为历史文化街区风貌保护试点项目。本章主要从遗产保护的角度，介绍了玉河北段保护工程实施的背景、思路和方法，并通过分析区域的优势和现存问题，在借鉴国内外相关案例的基础上，提出了几条完善优化对策，希望以玉河的改造和优化为样例，为河道类水文化遗产的开发保护提供些许的参考和建议。

一、工程背景

（一）玉河历史背景

元灭金以后，定都北京，并以今什刹海水域为中心建立大都城。由于元大都人口众多，物资需求极大，所需粮食物资大都需要依靠南方供给。当时南方通过京杭大运河转运来的物资只能到达通州，至通州后再经陆路运至京城。但通州至京城路途遥远，相距几十公里，单纯依靠人拉马运费时费工，成本较高，为解决这一问题，元世祖忽必烈下令郭守敬开凿京城至通州的运河。

运河的运行必须有充沛的水源作保障。为此，郭守敬首先勘测地形、查找水源，最终以昌平白浮泉为水源，沿途汇集马眼泉、一亩泉等大小诸泉，将水汇至翁山泊，由翁山泊通过高梁河导流至积水潭（今什刹海）。在确定了水源后，郭守敬又在金代闸河的基础上，以积水潭东岸万宁桥为基点，开凿河道南转至东不压桥，沿元大都皇城墙南下，先后经过今天的东不压桥胡同、东板桥胡同、北河沿胡同、北河沿大街、南河沿大街，河道南出大都城墙后，东转经大通桥直至通州。这样南来的货船就可经此河道直抵大都城内积水潭。积水潭由此成为京杭运河北端的码头，一时舳舻千里、旌旗蔽空，元世祖见此状大悦，并给此河赐名“通惠河”（图5-1）。今天的玉河段则指的是万宁桥至大通桥的通惠河段。

元朝灭亡后，朱棣以燕京为都城，对元大都城墙进行大幅改动。宣德七年，皇城城墙东迁，将通惠河玉河段圈入皇城内，致使通惠河的漕运船只再也无法驶入都城内，只能到达东便门外的大通桥。同时由于上游水源枯竭，玉河水流渐少，逐渐成为都城内的排水干道。清朝时玉河基本延续了明时的状况，改名为御河、御沟（图5-2）。明清时，虽曾多次对玉河进行疏浚治理，但无法扭转玉河衰败的趋势。民国时，由于局势动荡政权更迭，玉河逐渐断水并趋于消亡，民国政府曾将玉河改为暗沟。新中国成立后，市政府在修建四海下水道

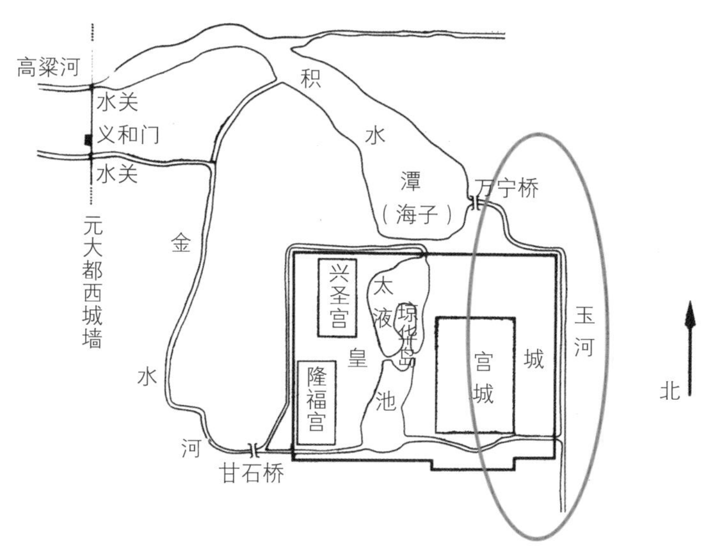

图5-1 元朝玉河状况图
（图片来源：作者自绘）

图5-2 清末玉河
（图片来源：摘自豆瓣网）

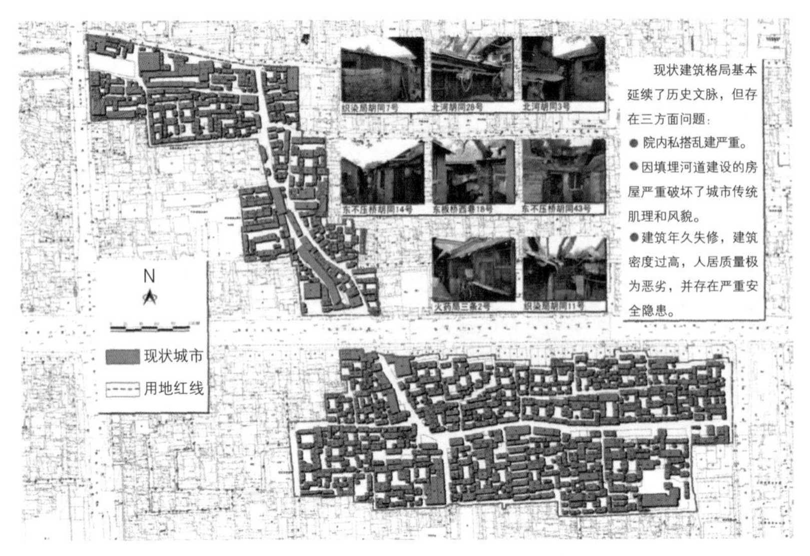

图5-3 玉河北段现状建筑肌理
（图片来源：林楠，王葵《北京玉河北段传统风貌修复》）

时，将玉河在东不压桥处截断。随后玉河全线被改为暗沟，至此流淌几百年的玉河从地图上彻底消失。玉河改建成暗沟后，原河道上方搭建了许多民房，成为杂乱的民居区，玉河流淌的痕迹逐渐消失（图5-3）。

（二）项目实施背景

在20世纪90年代改造平安大街过程中，施工工人发现了埋藏在地下的玉河河堤，这引起了有关专家的高度重视，随后在挖掘中又发现了玉河镇水兽。从挖掘现状来看，堤岸宽约6m，底部铺有石条，河道堤岸走向和史书上记载相同，位置也和玉河东不压桥南侧重合，由此可以确定挖掘河道确为玉河遗址，关于玉河重要的历史文化价值也渐渐引起相关部门的关注，2002年时，玉河的北部遗址修复计划被列入《北京历史文化名城保护规划》之中，作为北京历史文化名城保护的重要项目之一。

2004年为保证玉河遗址修复工作的科学开展，有关部门召集业内权威专家朱自煊、王世仁、陈一峰、边兰春等人召开会议，对玉河修复保护规划进行论证。论证玉河修复可行性、修复重点、价值意义等方面内容，结合专家论证可以总结出玉河恢复的几点意义：（一）玉河恢复体现特殊的历史文化价值。玉河是北京历史上一条悠久的城市河流，是北京几百年来漕运历史的见证，沿河周边具有较多有价值的胡同、寺庙、园林等。这些遗产是明清城市肌理的重要组成部分，传承着北京古都历史文脉，通过玉河河道的修复可以体现北京城市的历史文化内涵；（二）河道恢复具有较高的生态价值。玉河蜿蜒经过北京城市中心，河道恢复后，通过周边绿带建设可以为沿岸居民提供休闲游憩的空间，美化环境，提升城市环境质量。通过恢复玉河历史水系，还可以增加东城区水域面积，增加市中心排洪能力和改善城市中心水质；（三）玉河修复工程的实施，不仅可以对河道周边完整、典型的北京民居建筑群进行保护，保存区域肌理特征，还可以对区域内较为残破、价值量不高的院落实施有机更新保护，从而更好地改善区域环境和生态质量。

在经过专家论证完成后，确定了基本的修复和规划思路，审批搬迁工作随即展开，而在2007年工程实施过程中，又发现了较多地下埋藏的文物，工程不得不停下来，由市文物局对现场进行考古挖掘，在近一年的挖掘工作中，工作人员先后挖掘出了玉河庵遗址、东不压桥遗址、明清玉河堤岸以及大量明清瓷片、陶器、碑刻等遗物（图5-4）。根据考古发现设计者又重新修订了玉河修复实施方案，对玉河发掘的文物实施全面地保护，最终形成现在玉河保护规划的格局。

图5-4 玉河遗址公园内的发掘状况
（图片来源：作者自摄）

二、工程概况

原玉河以万宁桥为起点，以东便门外的大通桥为终点，在玉河保护项目规划中，考虑到玉河不同区段的价值、复建的可行性等因素，只将玉河北段河道纳入修复计划。北段主要以万宁桥为起点，向东南经平安大街，再向东至北河沿大街，全长1000m。项目设计单位为波士顿国际设计集团和北京中天元工程设计有限公司，项目规划内容主要有两部分：一部分为玉河河道的修复，一部分为周边建筑风貌的改造。

（一）河道修复

河道修复的核心是保护河道的原真性、恢复河道历史原貌。考虑到文献的完整程度和工程实施对周边环境的影响，设计者最终选择以清代玉河的面貌为依据，以此限定河道的宽度、堤岸、周边道路等要素。在具体的施工挖掘过程中，施工人员在玉河东不压桥至福祥胡同段发现了大量的文物遗迹，为保护文物，玉河东不压桥被划分为一个小的片区，片区内没有通水，而是将发掘的文物遗迹原貌展现出来，如东不压桥遗址、明清排水沟、部分清代河堤和河道发掘出的现状[①]。此外片区东侧的玉河庵也被重新修缮，修缮后作为玉河博物馆，里面展示关于玉河历史的图片和文字。片区以上的河段按照清代时的面貌注水修复，河道的宽度、堤岸、景观、水质等多个方面均有详细的规划。

1. 河道宽度

与元朝相比，清朝时玉河状况资料较为完整、河道较窄，河道复原可行性高。因此设计者最终选择以清代乾隆时期玉河原貌为修复依据，据此将河道宽度定为15m，河道深度设为1.8m，并在河道两侧设置步行道及保护带，道路宽度沿河每侧均为8m。步行道及保护带既可以作为河岸与沿河建筑之间的退让空间，也可以作为河道生态环境与传统特色景观的保护性空间[②]（图5-5）。

2. 河道堤岸

河道堤岸恢复也依据清代玉河的原貌进行。工程措施主要包括两方面：第一，在原古堤岸的位置用毛石砌筑新堤岸，确保河道宽度和清代时的相同；第二，从生态景观的角度出发，在堤岸下种植各色生态植物，在堤岸上种植垂柳、海棠等植物，保证河道有良好的景观效果，使整体绿化与街区风格一致（图5-6）。

---

① 孙英杰. 玉河历史文化风貌保护项目之实施［J］. 北京规划建设，2010，02：75-78.

② 林楠，王葵. 北京玉河北段传统风貌修复［J］. 北京规划建设，2005，04：52-56.

3. 河道供水

为重现古代玉河“小秦淮”的风貌，保证修复河道有良好的景观效果，设计者用自来水灌注玉河，并在河道起始端设置橡胶坝和蝶阀控制水位、水量（图5-7）。以河道起始端和前海相连，在雨洪时可以充当泄洪的渠道，帮助消解城市街道洪涝灾害。此外为防止河水下渗，设计者在河床底部铺设防水毡，并在河水内部加装水体净化循环装置，保证河水的清洁和流动性。

4. 市政设施

河道周边市政设施在风格上以简单朴素为主，采用灰白绿等传统色调，保证与河道景观和周边民居格调一致。河道两侧步行道以古朴稳重的灰石板铺砌，路灯采用传统灯笼造型，简约而古朴（图5-8）。为完善区域功能，玉河两岸还建有变电所、公共厕所、垃圾房等生活配套措施。河道两岸道路以步行道

图5-5 玉河河道步道空间（图片来源：作者自摄）

图5-6 河道堤岸景观（图片来源：作者自摄）

图5-7 河道起始端的橡胶坝（图片来源：作者自摄）

图5-8 玉河两岸道路设施（图片来源：作者自摄）

图5-9 玉河亲水平台（图片来源：作者自摄）

为主，机动车辆被挡在区域之外，以利于营造传统街巷意境和休闲氛围。

5. 休闲空间

为给市民创造良好的生活休闲环境，玉河改造规划中十分注重河道景观和周边休闲空间的设计。河道两岸种植多种乔木、各色花卉，格调清新自然，和周边建筑风貌较为契合，河道两岸还设置多处亲水平台和休闲小广场，为市民营造良好的休闲娱乐氛围（图5-9）。

（二）周边规划保护

为整体保护区域传统风貌，营造区域古朴的历史文化氛围，玉河周边民居也被列入改造保护范围中，改造内容主要涉及民居院落保护、街巷道路改造两方面。

1. 民居院落保护

玉河流域内建筑皆为传统建筑，类型主要为民居四合院，另外区域内还有几处寺庙。建筑形式多为清代建筑风格，部分为民国时期的建筑。从建筑质量上看，区域内建筑大部分残破不堪，部分建筑保存较为完整，具有一定的保存价值。从实际的调查状况上看，玉河两岸改造区域内共有院落214处，其中有四处寺庙分别为玉河庵、药王庙、火神庙、华严寺，需特别保护；18处民居院落具有较高的历史文化价值，需重点保护；另有128处院落，结构、格局较为完整，也需加以保留；除此之外皆为非历史遗存建筑，其中部分占压玉河河道，破坏传统城市肌理和风貌，需全部拆除①。规划中对于不同类别院落采取了不同的保护措施，处置措施主要依据各类建筑院落的现状及其价值量大小。其中对玉河发掘出来的玉河庵按照其原状在其原址进行修复，对药王庙、火神庙在原状的基础上也重新予以修缮。对于18处历史文化价值较高的院落，规划中均严格按照文物保护法规，遵循古建筑保护的原真性原则实施保护，主要是保留其原有结构格局，在其原建筑风格的基础上进行修缮。对于128处结构、格局较为完整的院落，规划中对这类建筑予以重点保留，对其破损的外部结构按其原有形式翻建、整饬，并使用现代结构材料更新其内部装修。对于区域内不具有保留价值的院落，规划中予以全部拆除，同时按其原有建筑形式进行新建，并对建筑高度、造型、色彩都设定限制，保证新建的院落能够延续区域传统风貌。

2. 胡同道路改造

街巷道路是区域风貌肌理的重要组成部分，也是区域历史文化的重要载体，为街区居民提供必不可少的交通。玉河改造规划中，街巷道路改造是一项重要工程，在玉河两岸的居住区域中，胡同形式多样，宽窄不同，名字也别具特色，如帽儿胡同、织染局胡同、东吉祥胡同、雨儿胡同、福祥胡同等。这些胡同的位置、走向、名称皆在民国以前形成，承载着深厚的历史文化内涵，延续着街道原有的历史文脉。但是从现代城市功能和居民需求来看，玉河现状街道的质量和功能均无法满足当前区域发展要求，需要对现状街道实施一定的改造。

改造中设计者首先明确了街巷保护改造的两项重点：一是保护好街巷传统肌理；二是在保护街巷肌理的前提下，对街道实行现代市政交通改造。因此在改造过程中，为保护好传统街巷的肌理，原街巷道路的位置、走向和名称被保存下来，沿街建筑的立面也尽量保持原有凹凸曲折的平面轮廓，使胡同保持有机生长的自然形态。胡同市政交通的改造，首先明确了市政交通设施的功能定位：满足区域内居民交通需求、与周边道路合理衔接。改造过程中拆除占道建筑，并按消防、机动交通和市政要求对部分干道胡同进行拓宽疏通，尽量避让保护类建筑。考虑到玉河两岸交通的需要，以及保护区域内建筑风貌，新建道路宽度设置为4～7m，其中单行道路宽度为4.5m，双行道路宽度为7m（图5-11）。

---

① 林楠，王葵. 北京玉河北段传统风貌修复[J]. 北京规划建设，2005，04：52-56.

图5-10 区域规划实景图（图片来源：作者自摄）

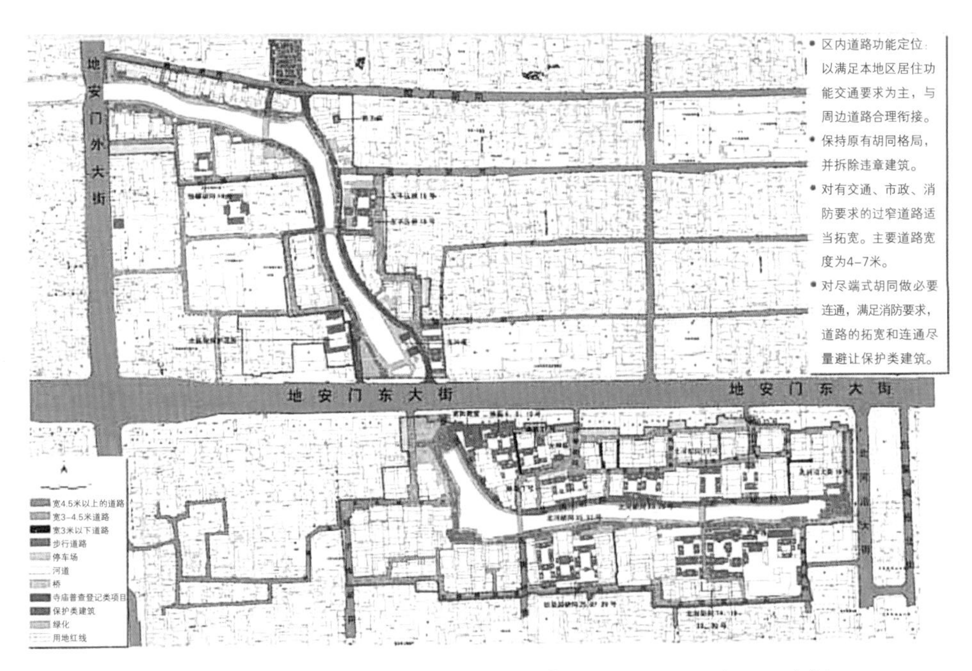

图5-11 玉河北段道路系统规划（图片来源：林楠，王葵《北京玉河北段传统风貌修复》）

三、综合分析

（一）工程实施意义

玉河改造项目基本实现了保护区域肌理、延续古城历史文脉的目标，有效地改善了区域环境生态。河道的恢复不仅再现了古时区域风貌，增进了城市中心区域的文化价值内涵，彰显历史文脉；而且河道恢复后，增加了东城区河道水域面积，完善了绿化带、休闲空间、园林景观等生态设施，这对于改善周边居住环境和提升区域生态环境质量都有较大的裨益。

在玉河周边院落保护方面，通过对区域部分院落的改造整治，改变了院落杂乱林立的现象，实现了区域风貌保护的目标。通过院落改造也有效地降低了人口密度，缓解老城区的人口压力，并改善居住条件，提升居住质量。

玉河改造的实施对于区域交通条件、市政设施的改善也具有较为积极的意义。首先通过河道两岸居住区道路疏通拓宽，显著地改善了区域交通空间，完善了区内交通体系，为居民提供了适宜的交通环境。其次在工程实施中，电力燃气、上水、雨污水、电信、有线等市政设施全部配套齐全，消除了原居住区消防问题、断电等诸多公共安全隐患，为居民营造了宜人的居住环境，并为周边院落的保护创造了较好的市政条件。

通过河道及周边院落改造，使得区域历史古貌再现，也使皇城的历史文脉得以延续。玉河项目完成后，玉河区域和什刹海皇城遗址公园连接在一起，形成系统展示皇域东北部历史文化的完整链条，对皇城整体风貌的保护具有极其重要的意义①。

（二）存在问题

玉河改造工程2007年正式立项，2013年河道改造工程整体竣工，改造后河道恢复了古朴面貌，周边院落杂乱的面貌也得到很大的改善，区域风貌肌理保留完整，城市文脉得到较好的传承，但同时，区域仍存在一些问题，需进一步加以完善。

1．河道状况

玉河河道用水主要为自来水，水质达到Ⅲ类水质标准。为保护河水水质，玉河安装有水循环系统，通过内部水循环，增加了水的含氧量，有利于河水自由流动。为保证河道有充足的水量，河道河床做了防水、防渗的隔离处理，出

① 孙英杰．玉河历史文化风貌保护项目之实施［J］．北京规划建设，2010，02：75-78.

图5-12 玉河硬化堤岸（图片来源：作者自摄）

于防洪需要，河道河堤采用混凝土进行砌筑，但硬化的堤岸生态性较差，亦不利于河道生态环境的改善（图5-12）。

河道两岸景观设计朴素、亲切，效果良好，河道整体绿化与街区风格一致。堤岸两侧树木掩映，堤下玉河水蜿蜒而过，为城市居民提供了理想的休闲空间。但调研中也发现了一些问题，如河道滨水和两岸景观设计对景观的自然特征重视不够，部分地段植被种类略显单一，植被层次不够丰富，河道植被景观需进一步优化（图5-13）。

2. 周边规划状况

河道周边街区的空间主要包括街道、胡同、院落三种空间层次。街区内部包含众多历史文化古迹，如齐白石旧居纪念馆、药王庙、玉河庵等，还有18处重点保护的民居四合院，以及许多胡同，历史文化积淀深厚。但目前玉河两岸主要为休闲步道空间，周边街区主要为居民区，区域功能过于单一，街区活力不足，未能充分地利用区域丰富的文化资源（图5-14）。

整体上，区域道路现状能够较好地满足区域发展和居民居住的需求，原街巷道路的位置、方向和名称未发生较大的变动，完整地保留了传统街巷的肌理。但区域内部分街道路面铺装设计过于生硬，多为沥青路面，和周边街区风貌不统一。玉河经改造后，两侧道路下铺设上水、污水、雨水、燃气、电力和电信6条市政管线，完善了市政基础设施，提高了该地区居民的生活质量。但同时区域内部分地段环境卫生较差，影响了区域环境质量（图5-15）。

概括分析，目前玉河主要存在三个方面问题：（1）河道的生态性设计不足，堤岸驳化，不利于动植物的栖息生长。河道滨水和堤岸两侧植被种类不够丰富，河道绿带生态性不强；（2）区域整体功能单一，各片区功能不突出，街区活力不足；（3）区域道路硬化和街区风貌不和谐。部分市政基础设施暴露于建筑外，对街区景观造成了一定影响。部分地段环卫设施少，区域配套设施有待完善。

图5-13 河岸植被单一（图片来源：作者自摄）

图5-14 区域街道冷清（图片来源：作者自摄）

图5-15 区域部分地段环境质量差（图片来源：作者自摄）

四、关于完善玉河工程的几点建议

近年来，国内外对于河道遗产保护改造的实践越来越多，理论研究已较为成熟。国内对于类似于玉河这类工程的改造，一般比较注重区域历史风貌的保护、街区功能的完善和河道环境的治理，较为典型的例子如上海朱家角古镇的开发保护。朱家角规划保护中有几点经验值得我们借鉴：一、加强古河道的治理。在黑臭治理、滨岸带生态化等工程技术层面加强古河道的治理保护，并力图与水乡文化的传承联系起来，关注河流的“灵魂与神韵”；二、完善城镇功能。通过再造文化氛围，使得一批高品位的乡土文化展示馆相继在朱家角落户，促进区域功能多元化发展。

国外河道遗产保护的案例也较多，国外河道治理的理念和经验较国内先进，尤其值得我们借鉴，其中美国布法罗河道改造案例较为典型。布法罗河道历史功能和现状与玉河类似。河道改造的重点主要为河流生态功能的恢复，工程措施包括：改造驳化堤岸，配置多样化的本土植物，恢复河道沿岸的生态功能；河道堤岸“软化”，促进雨水下渗，减轻河道雨洪污染。这些措施对于玉河工程的完善都颇具借鉴意义。

当前玉河主要存在的问题有：河道堤岸驳化、植被种类少；区域功能单一、活力不足；街区基础设施有待完善等问题。借鉴上海朱家角古镇保护和美国布法罗河道修复的经验，从河道生态改善、区域功能组织、街区环境整治三个方面提出以下建议：

（一）河道生态改善

目前，玉河河道仍采用以水泥、砌块石等硬质材料砌筑的传统堤岸，堤岸生态性差、景观单调。河道植被群落层次结构也略显单一，景观效果有待改善。为此，可借鉴美国布法罗河道堤岸的改造，对玉河的河道堤岸进行生态性改造，并对堤岸景观带进一步优化。

1. 生态驳岸设计

为满足排洪防涝和营造自然景观的要求，在不影响河岸道路宽度的情况下，可将河道护岸设计为生态堤岸。通过减小岸边植被带的宽度，将垂直式堤岸改为斜坡式，并选用渗透性较好的铺装材料或草坪护坡，促进斜坡处的积水下渗。这样不仅能增加雨水渗透量，防洪补枯，而且能够创造朴素自然的河道景观。

2. 河道植被景观改造

玉河河道现有植被种类已有多种，但植被种类仍略显单一，为此需进一步加强堤岸和滨水植被改造。堤岸上植物的选择宜以乡土植物为主，并充分考虑外部环境条件，整体上讲求乔木、灌木、花草的搭配，增加软地面和植被覆盖率。堤岸下滨水区域植被的栽植，宜模拟自然滨水植物群落的结构，营造结构综合、层次多样的植物群落，以体现植物群落的多样性和生态性。这样不但可以丰富河道植物种群的多样性，更能有效地提高河道生态质量和改善水域景观。

3. 低影响开发

考虑到雨洪径流的影响，结合玉河河道实际地形、土壤、植物等状况，可将堤岸两侧道路上的植被带设置为下凹式，并在道路两旁建立植草沟，增加绿带植被雨水径流截留量。还可在两岸的小公园空地内设置小型雨水花园，截留并净化地面径流，以减轻河道的雨洪压力和径流污染。

（二）区域功能完善

当前玉河周边街区功能以居住、休闲为主，功能组织比较单一，区域活力不足，文化底蕴未充分展现。为此可借鉴上海朱家角古镇保护开发的经验，整合片区文化资源，注入旅游功能。还可以通过策划文化艺术项目，将现代文化融合到历史文化中，形成新的区域文化，激发玉河历史保护区的活力。

在区域功能规划上，一方面可以利用周边的帽儿胡同、拐棒胡同、雨儿胡同开展“胡同文化游”，深入挖掘区域的历史文化资源，展现区域历史风貌，借此将旅游功能注入片区，增强区域吸引力。另一方面在不对区域历史风貌进行改动的前提下，考虑将玉河两岸功能整合成“藏于闹市的冥想之地”，即集艺术、休闲、体验于一体的文化创意街区。将区段划分为不同的主题游览区，如民俗文化区、宗教活动区、当代艺术展示区、居民生活区和艺术休闲区等。这样既可展现区域文化特色，丰富区域功能，又可避免与南锣鼓巷、后海地段商业开发模式重复。通过为区域增添旅游功能，规划文化创意街不仅可以激发区域活力，还可以促使区域功能多样化地发展，使玉河历史文化保护区形成结构统一、功能复合的区域功能格局（图5-16）。

◎ 文化创意街区构想

民俗文化区：玉河地区人文气息浓厚，可通过开办小型民俗博物馆、艺术品展厅整合各类文化资源，打造出一个能充分体现玉河历史文化的民俗文化展示区。

宗教活动区：以历史遗留宗教建筑“药王庙”为核心发展宗教文化，结合宗教节日，开展民俗宗教活动。

当代艺术展示区：展现城市艺术气息、城市活力的地区，可开展摄影、音乐、绘画等形式多样的艺术品展示活动，或小型当代艺术群展。

居民生活区：改善民居的硬件服务设施，修缮和保护现有的传统建筑，坚持可持续发展的指导思想。

艺术休闲区：打造一个集咖啡馆、书吧、艺术画廊为一体的文化休闲区，在满足人们休闲生活的同时，给人们带来艺术享受。

图5-16 文化创意街区构想图
（图片来源：作者自绘）

（三）街区环境整治

区域目前基础设施相对完善，基本满足街区居民的需求，但同时也存在部分问题，影响街区风貌，如路面驳化、市政管线暴露、环卫设施不足。建议采取以下措施加以优化：

1．特色路面设计

玉河街区内路面规划较为统一，但多为现代水泥路面，路面透水性差，铺装略显生硬，和街区风貌不和谐。因此在路面铺装设计上，可采用本地石材加以铺装，结合本土文化和审美习惯进行铺装设计，还可考虑将雨水井盖设计为观赏小品，其上雕刻精美的浮雕图案，内容可选用中国传统文化符号，以创造街区的历史感。这样道路铺装不仅能给街区游览者带来精神体验，同时能够起到较好的道路导向作用。

2．基础设施完善

玉河街区改造后，基础设施建设相对已经较为完善，但仍存在一些市政设施敷设方面的问题，如电线、空调主机等设备完全暴露于建筑外，对街区整体风貌造成了一定的影响。因此电力设备敷设过程中，要充分结合建筑的格局和结构，尽量在地下敷设或者在建筑灰空间内搭建，以保持历史建筑的原有风貌。

在环卫设施方面，区域街区环卫设施虽有布点，但比较分散，部分地区仍不能满足垃圾处理需求。建议垃圾收集站按规范要求布设，并按照方便使用的原则，在路边设立一定数目的垃圾箱及集中垃圾转运站。

本章以玉河区域保护开发实践案例为研究对象，探究了玉河修复工程的实施背景和内容。通过现状调查，发现区域目前存在部分问题亟待完善，继而在借鉴国内外相关案例的基础上，从河道生态改善、区域功能组织、街区环境整治等角度，对玉河保护工程提出建议。综合本章理念，玉河保护与利用宜从以下几个方面把握：

关注河道遗产的自然生态：将生态理念引入玉河保护与发展中，充分发挥生态系统的自我修复功能，保护河道和街区自然景观。

关注区域功能组织：将旅游功能与街区文化融合在一起，提升片区活力，延续街区历史风貌。

关注地域环境：区域道路、环卫、市政的建设必须在尊重区域历史、保护环境生态的前提下进行，和区域风貌保持一致，并有助于区域环境的改善。

前海

遗产类别：河湖水系

形成年代：辽金之前

完整程度：基本保持原状

周边环境：环境嘈杂

保护级别：北京市历史文化保护区

地理位置：什刹海南部水泊

GPS 坐标：N39° 94′ 24.48″ E116° 39′ 93.95″

简介

前海为什刹海南部的水泊，元朝时，前海、后海、西海相连成一片，至明朝时，三片水泊才逐渐分离。明清时前海周边水色秀丽，风景如画，其湖岸景色“柳堤春晓”曾是著名西涯八景之一。清朝乾隆年间，和珅还曾仿西湖“苏堤”在前海修建过“和堤”，和堤将前海西侧一片水域分离出去，分离出去的水域称为“西小海”，现西小海与和堤均已消失。

现状

民国时，战乱兴起，什刹海逐渐荒芜，湖泊淤塞。新中国成立后，区政府曾对区域大规模疏浚治理，疏浚后什刹海面貌焕然一新。近几年，随着北京城市化推进和区域旅游业的发展，什刹海前海周边发生了很大的变化，周边酒吧遍布，人声鼎沸，商业气息渐浓。环境方面，水质为Ⅲ类水质，水中动植物状况良好，环境优美。

图片

全景图1

全景图2

什刹海酒吧

后海

遗产类别：河湖水系

形成年代：辽金之前

完整程度：基本保持原状

周边环境：环境清幽

保护级别：北京市历史文化保护区

地理位置：什刹海中部水泊

GPS 坐标：N39° 94′ 84.11″ E116° 39′ 23.75″

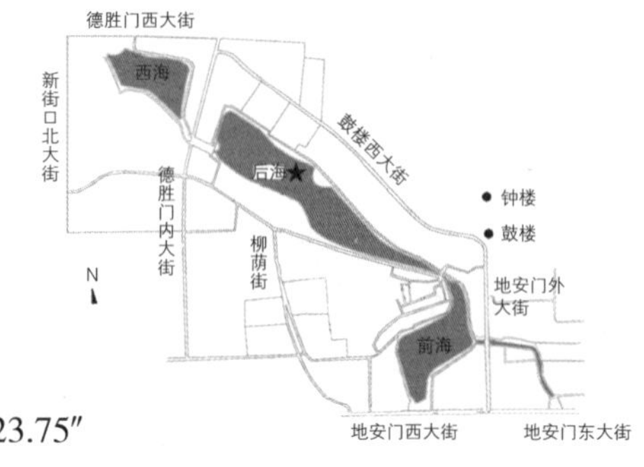

简介

后海位于什刹海中部，是什刹海三片水泊之一。元朝时，后海周边沿岸极其繁华，有各色各样集市庙会。明朝建立后，由于什刹海水源减少，整片水域逐渐缩减成三片水泊，后海周边逐渐成为名园宅邸的聚集地，相比元朝时多了几分人文气息。此后一直到清朝，后海周边都是达官显贵、文人墨客的重要活动中心。

现状

后海周边以多王府、名人故居、知名胡同而著称，新中国成立后这些古迹被重新修缮，焕然一新。区域经过一系列规划保护后，成为北京最重要的建筑遗产保护区域，文化底蕴深厚。在后海水域环境方面，周边植被较多，环境清幽，水质一般。

图片

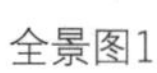
全景图1

航拍图

西海

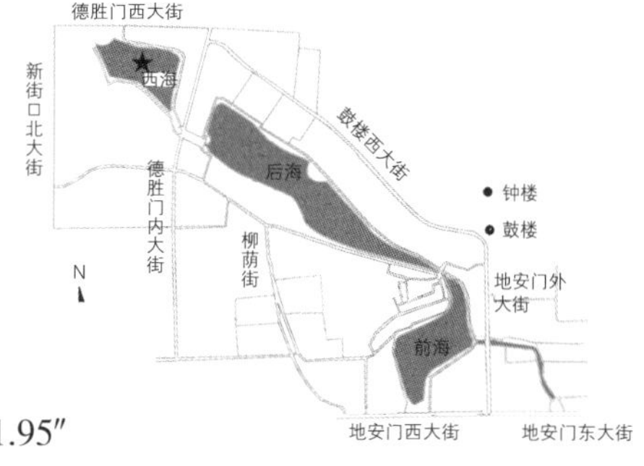

遗产类别：河湖水系
形成年代：辽金之前
完整程度：基本保持原状
周边环境：环境清幽
保护级别：北京市历史文化保护区
地理位置：什刹海西北部水泊
GPS坐标：N39° 95′ 29.88″ E116° 38′ 31.95″

简介

西海是什刹海三片水泊之一，位于什刹海西北部。水泊位置十分重要，它不仅是什刹海水域的入水口，也是整个皇城水系咽喉，自元至清都扮演着重要的角色。其形成发展轨迹大致和前海、后海相同，在周边环境方面，西海相比前海、后海较为幽僻，人文活动相对较少，周边多宅院居所。

现状

现西海状况基本保持着清代时的格局。六七十年代时，由于城市改建，西海周边人文古迹受到很大的破坏，周边古朴的建筑风韵渐失。所幸近年西海处的岛屿、祠庙等古迹又被复建，西海也得到了重新的疏浚和开发。周边环境方面，西海周边树木葱郁，环境较好，但水质较前海、后海差。

图片

全景图1

全景图2

玉河

遗产类别：河湖水系
形成年代：元代
完整程度：修复重建
周边环境：环境清幽
保护级别：全国重点文物保护单位
地理位置：什刹海和南锣鼓巷之间
GPS坐标：N39° 94′ 24.27″ E116° 40′ 51.85″

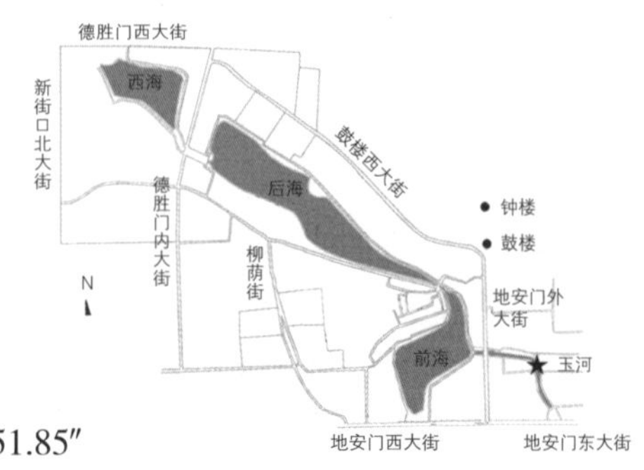

简介

玉河最早开凿于元代，是元朝通惠河的末段河道。河道以万宁桥为起点，南经东不压桥，沿古皇城墙南下，出都城转至大通桥。河道上曾建有数组水闸，以保证航运船只通行。明朝以后，玉河被圈入皇城，失去漕运功能，转变成城市排水的主干渠，两岸原有繁华市肆街道也逐渐演变成平静的居民区。此后玉河每况愈下，再也难现昔日繁华的景象。

现状

民国时，玉河被改为暗沟，新中国成立后曾对玉河进行整治，但终因水质较差，又将其改成暗渠，其上遍布民居杂院。近年随着京杭运河的申遗，玉河的功能价值逐渐引起相关部门的重视。玉河北段被重新恢复改造，归入全国重点文物保护单位大运河遗存中。现河道两侧有较多的景观植被，周边建筑也修缮复原，玉河渐现旧时风貌。

图片

全景图

标示物

玉河遗址

万宁桥

遗产类别：水利设施
始建年代：元代
完整程度：保存完整
周边环境：环境嘈杂
保护级别：北京市文物保护单位
地理位置：在地安门以北，北京中轴线上
GPS坐标：N39° 56′ 06.1″ E116° 23′ 23.7″

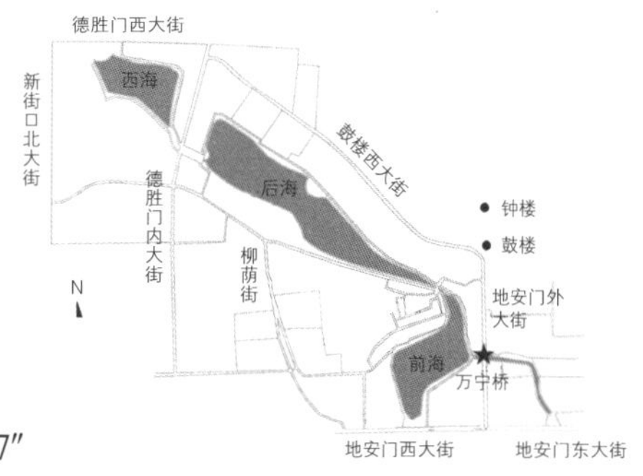

简介

万宁桥在地安门以北，坐落于北京城中轴线上。桥始建于元世祖至元二十二年（1285年），又称海子桥、后门桥。石桥跨在什刹海入玉河口处，是元代大运河漕运的始点，桥下装有水闸，通过提放水闸，以过舟止水。万宁桥是通惠河进入什刹海的门户，在保证元大都粮食供应上发挥过巨大作用，是研究北京漕运的重要实物。

现状

新中国成立初，万宁桥曾受到严重的破坏，石桥面上被铺设沥青，桥身下部被填埋。1984年桥被列为北京市文物保护单位，毁坏的栏板得到了保护修缮，两岸河道也重新被疏通。现桥体古朴粗拙，风化严重，结构为汉白玉单拱石桥，桥面略微拱起，长宽各10余米。桥两侧有雕刻莲花宝瓶图案的汉白玉石护栏，部分栏杆为新置，桥上为交通干道，环境较为嘈杂。

图片

全景图1

全景图2

标示牌

银锭桥

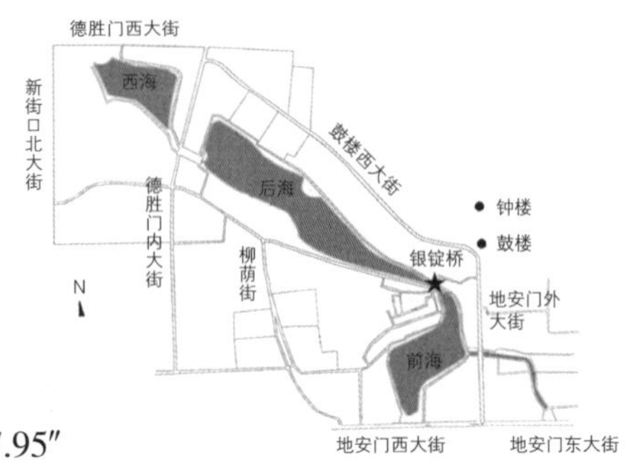

遗产类别：水利设施

始建年代：明代

完整程度：保存完整（重建）

周边环境：环境嘈杂

保护级别：西城区文物保护单位

地理位置：前海和后海交接处

GPS 坐标：N39° 54′ 53.45″ E116° 39′ 97.95″

简介

银锭桥位于什刹海前海和后海交接处，始建于明代，距今已有500多年的历史。桥体结构为单拱石拱桥，桥身短小，从高处看，犹如一个倒置的元宝，故桥名为“银锭桥”。旧时银锭桥地势较高，站在银锭桥上可遥望西山景色，此景名为“银锭观山”，是京城一名景，同时桥处于前后海之间，周边视野开阔，景色优美，从古至今都是京城文人聚集之地，有较多诗词歌赋描写银锭桥之景色。

现状

民国年间银锭桥修缮，穹隆形桥面被改为稍有纵坡的平缓桥面。其后桥又历经多次修整，1984年整治什刹海时重修银锭桥，1990年为实现前海、后海通航和方便交通，原银锭桥被拆毁，并照原样重建。现桥体面貌较新，桥面两侧各有镂空的花栏板五块，之间以翠瓶卷花望柱相隔，桥拱一侧刻有原故宫博物院副院长单士元的“银锭桥”题字。

图片

全景图

周边环境

标示牌

德胜桥

遗产类别：水利设施

始建年代：明代

完整程度：局部保持原状

周边环境：环境嘈杂

保护级别：西城区文物保护单位

地理位置：德胜门内大街，西海和后海连接处

GPS坐标：N39° 56′ 33.6″ E116° 22′ 22.7″

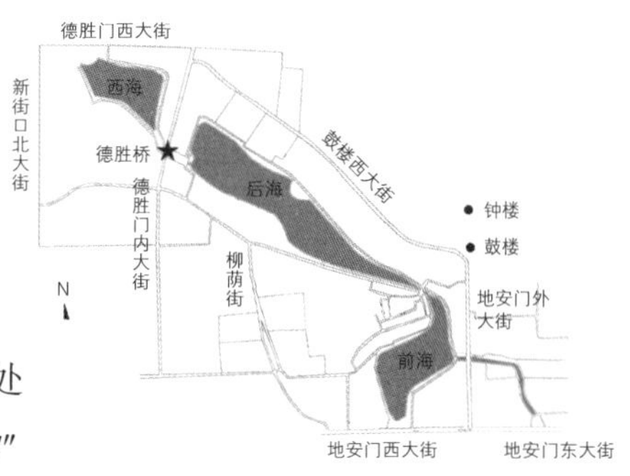

简介

德胜桥位于什刹海西海和后海交接处，桥东为后海，桥西为西海。因桥和德胜门距离较近，遂有名“德胜桥”。桥体最初建于明朝，初为木桥，后改为石桥，结构为拱形单孔穹窿形，桥下置闸。据史料记载，明清时德胜桥周边环境十分清幽，水中有浮萍漂浮，水边有大面积稻田，岸边绿柳古槐，风光旖旎，当时许多官员在此兴建过宅院，如定国公园、米氏漫园等。

现状

桥原为拱形单孔穹窿形，民国时，拱形桥面被改为平缓的桥面，桥上增设步行道。1943年时石栏板被改成城砖砌筑的栏板，东西两侧各设望柱；1950年实施什刹海疏浚工程时，在德胜桥上下游两岸修筑石块护岸，并对桥体进行全面的修缮。现桥体已无原来面貌，桥上铺沥青水泥道路，护栏为现代仿古莲蓬栏柱，周边环境较为嘈杂。

图片

现状图1

现状图2

标示牌

东不压桥

遗产类别：水利设施

始建年代：元代

完整程度：恢复重建

周边环境：环境嘈杂

保护级别：非文物保护单位

地理位置：地安门东大街与玉河交接处

GPS坐标：N39° 55′ 56″ E116° 23′ 37.5″

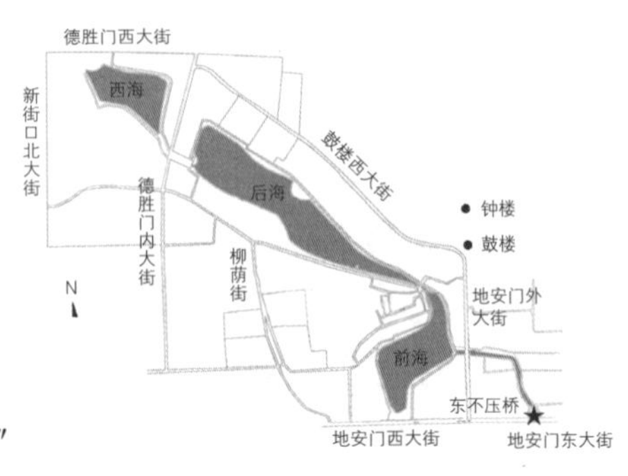

简介

东不压桥建于元代，位于玉河和地安门东大街交接处，明代中叶的《京师五城坊巷胡同集》中称其为步粮桥。明永乐年间皇城北墙扩建，正好压在东不压桥西侧的一座桥上，此桥因此被呼作“西压桥”，而东不压桥因皇城墙未从桥上经过，遂得名“东不压桥”。

现状

民国年间，为方便交通，东不压桥和西不压桥被一并拆除。新中国成立后，因玉河水质差，玉河被改为暗渠，东不压桥的桥基也被埋于地下。2005年，玉河改造项目实施，玉河遗址被重新挖掘，而东不压桥作为玉河遗址的一部分，也得到恢复重建。

图片

全景图1

全景图2

西压桥

遗产类别：水利设施
始建年代：明代
完整程度：残存遗迹
周边环境：环境嘈杂
保护级别：非文物保护单位
地理位置：地安门西大街北海北门稍东位置
GPS坐标：N39° 55′ 56.5″ E116° 23′ 09.8″

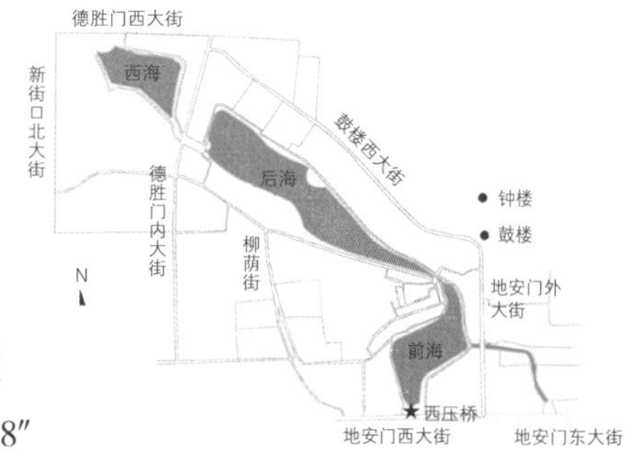

简介

西压桥位于前海南端，又称“西步粮桥”。桥最初建于明朝，永乐年间改建皇城时，皇城北墙从桥上压过，桥由此得名“西压桥”，与之相对称，其东边还一座桥梁名为“东不压桥”。桥初为木桥，后改为石拱桥。原桥拱券上雕有石刻吸水兽，其下刻有莲花图案，雕刻精美，桥下有闸控制前海流进北海的水量。

现状

1970年桥的拱券被拆除，原石桥处加盖钢筋混凝土板梁，桥下河道被改为暗沟。1972年桥上路面加宽，表层铺沥青路面，同时旧桥址北侧又新建了一座双孔石拱桥，以方便人行走。现原桥已难寻旧迹，仅可以看到后来新建的石拱桥。

图片

全景图1

全景图2

澄清闸

遗产类别：水利设施
始建年代：元代
完整程度：残存遗迹
周边环境：环境嘈杂
保护级别：非文物保护单位
地理位置：万宁桥西侧
GPS坐标：N39° 56′ 06.1″ E116° 23′ 23.7″

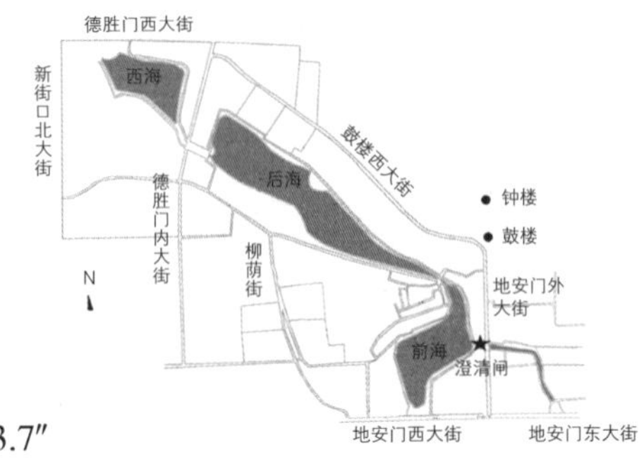

简介

澄清闸始建于元代，原闸有三道，分别名为澄清上闸、澄清中闸和澄清下闸。其中澄清上闸位于万宁桥以西，下闸位于东不压桥附近，中闸位于两闸之间。元代设立澄清闸的目的，主要是为积水潭调蓄水位和保证漕运船只能够沿河道顺利航行。明朝时玉河断航，三闸均被废弃，仅存遗迹。现万宁桥以东的澄清闸遗址为澄清上闸。

现状

明朝时通惠河上游玉河被圈入皇城内，玉河不再通行漕运船只，澄清三闸就逐渐地被废弃。20世纪50年代时，玉河改造，澄清闸也被埋入地下。近年随着玉河修复重建，大量玉河文物被挖出，但澄清三闸中，只有澄清上闸还残留遗迹，其余两闸均消失不见。现澄清上闸仅存闸口等痕迹，闸门消失，现状残破。

图片

全景图

细部图1

萃锦园

遗产类别：园林景观

始建年代：清代

完整程度：基本保持原状

周边环境：环境清幽

保护级别：全国重点文物保护单位

地理位置：后海以西，毗邻柳荫街

GPS 坐标：N39° 56′ 03.8″ E116° 22′ 51.0″

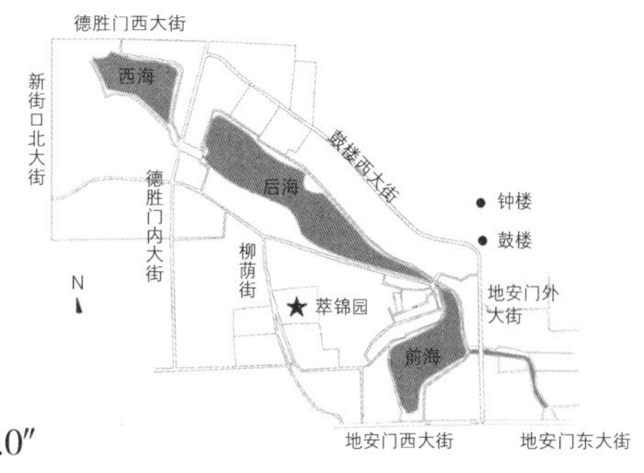

简介

萃锦园是恭王府后花园，地处后海以西，毗邻柳荫街。王府最早为乾隆宠臣和珅所建，后被赐予庆王永璘。清朝末期，庆王府邸被赐予恭亲王，王府改称“恭王府”。后花园萃锦园基本是在恭亲王时期形成并定型。花园集传统建筑、文学、书画、雕刻和工艺等艺术于一体，在世界园林史上独树一帜，享有极高的艺术地位，是北京私家园林中一颗璀璨的明珠。

现状

随着清王朝的没落，恭王府也难逃衰败的命运。民国时期，萃锦园曾被卖给辅仁大学当作校舍。新中国成立后，先后被公安部、北京风机厂等单位占用，成为大杂院。“文革”后，随着国家对文物保护工作重视，府邸和花园被重新恢复。现花园整体格局基本保持清代时原貌，部分建筑为修复重建，花园内部植被景观恢复如初，内部状况良好，只是水质较差。

图片

水体景观1

花园小品

花园庭院

宋庆龄故居

遗产类别：园林景观
始建年代：清代
完整程度：基本保持原状
周边环境：环境清幽
保护级别：全国重点文物保护单位
地理位置：什刹海中部水泊
GPS坐标：N39° 56′ 37.8″ E116° 22′ 34.4″

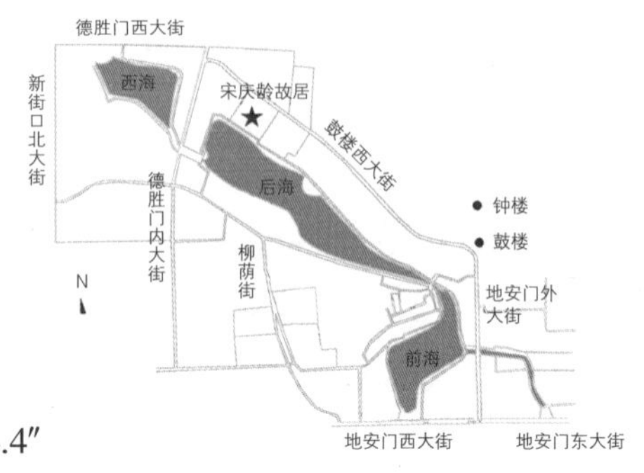

简介

宋庆龄故居地处后海北沿，为原国家名誉主席宋庆龄居所。宅院最早建于康熙年间，是清朝大学士明珠的府邸花园。乾隆年间，宅院被和珅侵占，成为和珅的别院。嘉庆年间为成亲王永瑆王府花园，后被赐予光绪父亲醇亲王奕譞作为府邸花园。新中国成立前夕，花园已经荒芜凋敝，新中国成立后花园被改为宋庆龄居所，宋庆龄去世后，其居所被改为“中华人民共和国名誉主席宋庆龄同志故居”，并对外开放。

现状

花园改为宋庆龄居所后重新整饬，经历了较大的变动，花园中心原有建筑以西接建一座两层小楼，筑成了一座优雅安适的庭院。现花园整体为醇亲王时期的格局，保存状况尚好。花园为长方形，总体面积占地约四十亩，园中山水环绕，苍天古树，亭榭相间，生态较好。

图片

水体景观

花园植被

标示牌

棍贝子府花园

遗产类别：园林景观
始建年代：清代
完整程度：局部保持原状
周边环境：环境清幽
保护级别：西城区文物保护单位
地理位置：新街口东街北侧
GPS坐标：N39° 56′ 39.6″ E116° 22′ 09.7″

简介

棍贝子府花园为清代棍贝子府一部分，位于明代镜园旧址，府园最早建于清朝雍正年间。花园先后历经多代府主：诚亲王允祉、固山贝子弘暻、弘暻永珊、庄静固伦公主等。光绪年间，庄静固伦公主曾孙棍布札布袭贝子，成为此府末代府主，此府遂称棍贝子府。王府花园规模很大，园中有亭台楼阁，古树参天，山石点缀，土山环绕，在京城王府中实为府宅园林的佳作，具有较高的文化艺术价值。

现状

清末至民国年间，花园大体延续旧制，格局保存完整。新中国成立后，棍贝子府被改建为积水潭医院，府邸部分被拆除，王府花园被完整地保留，成为医院的后花园。现花园整体格局保存完整，植被丰茂，但在改建过程中花园部分亭榭建筑被拆除，园内水池轮廓也被变更，树木苍翠也不及当年。

图片

水体景观1

水体景观2

水体景观3

汇通祠

遗产类别：祠庙碑刻
始建年代：明代
完整程度：修复重建
周边环境：环境清幽
保护级别：非文保单位
地理位置：西海西北角
GPS坐标：N39° 95′ 40.91″ E116° 38′ 06.75″

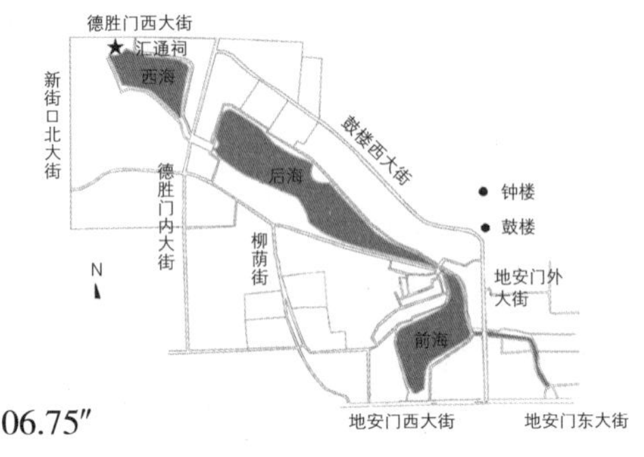

简介

汇通祠始建于明代，祠庙坐落在正对什刹海入水口的环形土山之上，旧称法华寺，又称镇水观音庵。清乾隆二十六年（1761年）重修，改名为汇通祠。明清时，汇通祠是京城著名的风景胜地，雅士聚集，人文活动繁盛。至民国后，由于社会动荡，汇通祠周边人文活动也逐渐衰败，汇通祠也被卖予私人作药店。

现状

新中国成立后，汇通祠被改为民居大杂院，20世纪70年代修建地铁时，汇通祠被拆除。1986年，在区政府的支持下，汇通祠被重新恢复，改为郭守敬纪念馆。祠庙复建基本按照清朝时的格局进行。现祠庙面貌较新，祠庙坐北朝南，二进院落，自大门向里，依次为前殿和后楼。祠庙毗邻西海，周边树木繁茂，环境清幽，生态状况良好。

图片

祠庙正门

周边环境1

周边环境2

汇通祠石碑

遗产类别：祠庙碑刻

始建年代：清代

完整程度：基本保持原状

周边环境：环境清幽

保护级别：西城区文物保护单位

地理位置：汇通祠与北二环道路之间

GPS坐标：N39° 95′ 44.06″ E116° 38′ 06.12″

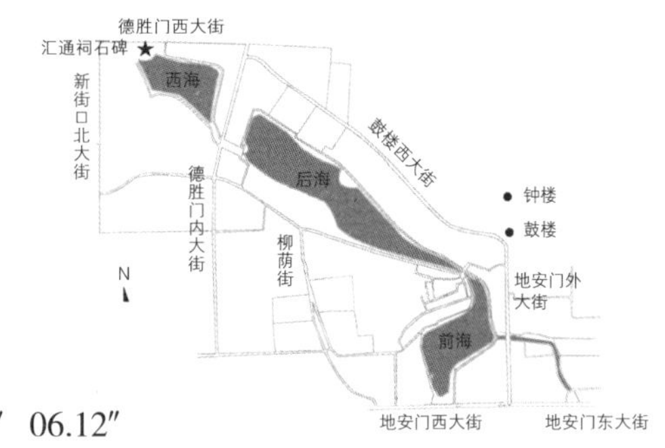

简介

石碑位于西海汇通祠后，为乾隆二十六年（1761年）立制。因汇通祠下曾是北京的入水口，水口处的水关掌控着整个北京城内水域的水位高低与流速，素有京城水域咽喉之称，明代在此处建“镇水观音庵”，祈求北京水系风平浪静。镇水观音庵在乾隆时期重修，改名汇通祠，为保证祠庙镇水法力，特立一形似剑柄的石碑，称为“通剑碑”，即今天汇通祠后的石碑。

现状

“文革”期间石碑曾被推倒运走，20世纪80年代，在修复重建汇通祠时，石碑又被重新找回。现石碑立于汇通祠后紧靠北二环路边，碑外侧建有一座四角碑亭。石碑所在区域为什刹海历史文化保护区，周围自然环境良好，该石碑作为积水潭地区变迁的历史见证，现已得到良好的保护。

图片

全景图

诗碑侧面

乾隆御诗

汇通祠石螭

遗产类别：祠庙碑刻

始建年代：明代

完整程度：修复重建

周边环境：环境清幽

保护级别：非文物保护单位

地理位置：汇通祠和北二环之间

GPS 坐标：N39° 95′ 44.06″ E116° 38′ 04.37″

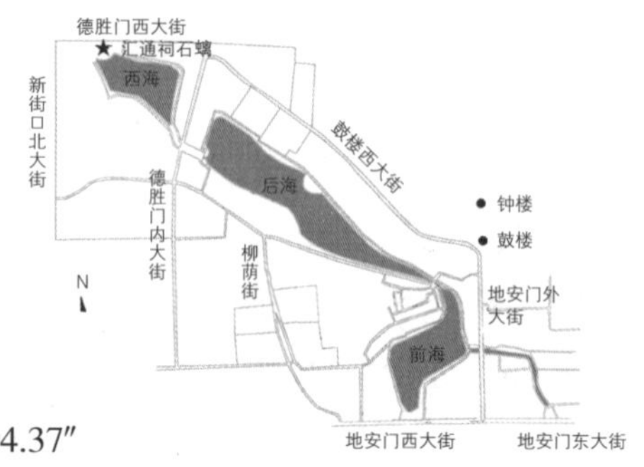

简介

明清时期汇通祠处的水关是北京重要的水利调控枢纽，为镇住河水，保证水流通畅，特在水关下方设置石螭。据《日下旧闻考》记载：“旧在德胜门西里许……有关为之限焉。下置石螭，迎水倒喷”。石螭见证了什刹海水系变迁，是重要的历史遗物，具一定的历史价值。

现状

石螭曾是清代北京著名的“镇海三宝”之一，在北京修建地铁时期，三样镇海之宝皆不见踪影，而现位于汇通祠小山后部的石螭面貌较新，是后来仿制之物。

图片

全景图1

全景图2

万宁桥水兽

遗产类别：祠庙碑刻

始建年代：元代、明代

完整程度：基本保持原状

周边环境：环境嘈杂

保护级别：北京市文物保护单位

地理位置：万宁桥东西两侧

GPS坐标：N39° 56′ 06.1″ E116° 23′ 23.7″

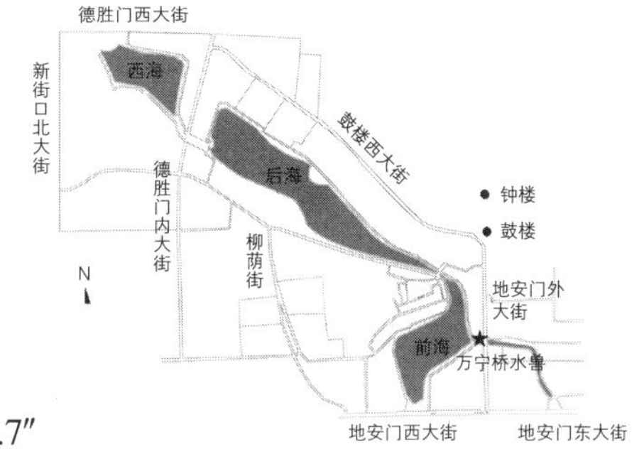

简介

万宁桥水兽位于万宁桥东西两岸，数量共四只。水兽原型为龙子之一——叭嗄，叭嗄性好水，常被放在桥头河岸，作为镇水神兽。四只水兽分别成形于不同年代，桥东北侧的水兽为元朝时所建，其余三只为明朝重修万宁桥时增置。水兽是北京漕运和古都城市变迁的重要见证，具有重要历史文化意义。1984年万宁桥水兽和万宁桥一道被评为北京市文物保护单位。

现状

1955年时，由于地安门道路扩建，水兽和万宁桥被填埋，1999年时，万宁桥和水兽被重新挖掘出来，并加以修复保护。现四只水兽保存状况良好，元代遗留的水兽形似一只无角的龙，外形古朴粗犷，表面石质黝黑，风化剥落严重。三只明代水兽外形是有角的龙，大嘴阔鼻，两眼圆睁，形象生动，外表纹理清晰，雕刻细致。

图片

全景图

明代水兽1

明代水兽2

古巳春禊

遗产类别：非物质文化遗产
形成年代：元明时期
存在状况：传承衰微

简介

古巳春禊

古巳春禊为古代汉族民俗，人们一般于阴历三月第一个巳日，到水边嬉游，以消除不祥，古人称之为“春禊”，其后春禊逐渐演变为一种春日游玩踏青的民俗活动。什刹海区域水域辽阔，两岸绿杨垂柳，一直是文人喜爱游玩的春禊之地。每至初春之日，游人三三两两，聚集在什刹海岸边流觞曲水，吟诗作赋，为什刹海一景。至民国时，亦还曾有较多的文人聚集在什刹海周边游憩踏春。近年，什刹海区域发生较大的变化，区域逐渐演变成旅游景区，由于缺乏相应的人文氛围，修禊这一民俗活动也逐渐销声匿迹。

夏日观荷

遗产类别：非物质文化遗产
形成年代：元代
存在状况：较为兴盛

简介

什刹海荷花

什刹海是北京内城最大开放水域，湖面景色以荷花最为知名。自辽金时什刹海就称为“白莲潭”，因湖内遍布荷花而得名，直至清代，因什刹海的三海地区水源充足，加之历代大力提倡养植荷花，所以每至夏季什刹海水面几乎全部被荷花覆盖，湖面姹紫嫣红，是京城内著名景致。什刹海由此也成了热闹的观荷胜地。

冰上游嬉

遗产类别：非物质文化遗产
形成年代：明代
存在状况：传承完整

简介

什刹海地处北方，冬日气候严寒，每至冬季时湖冰甚厚，成为京城百姓滑冰的绝佳之地。明代时，什刹海周边就有出租的冰床，供游人游嬉或代步。清代时，起源于长白山和黑龙江的满族入主中原，特意将滑冰定为典制，钦定于《大清会典》，滑冰成为上至王公贵族、下至平民百姓都喜爱的一项娱乐活动，京城内滑冰地点较多，其中什刹海就是一处百姓滑冰娱乐的胜地。民国时，什刹海逐渐衰败，冰床也销声匿迹。如今什刹海每年冬日来时，仍有许多人在冰上游玩嬉乐，但滑冰盛况已难比当年。

什刹海冰嬉

盂兰盆会

遗产类别：非物质文化遗产
形成年代：明代
存在状况：较为兴盛

简介

自古以来什刹海由于周边寺庙众多，什刹海周边是佛教盂兰盆会举行的重要场所。盂兰盆会活动多样，点放河灯就是其中重要一项。点放河灯主要为祭祀悼念逝去的亲人，河灯一般用彩纸扎成，中有蜡烛，将河灯放入河中，千百盏河灯随水飘荡，犹如江上渔火，蔚为壮观。什刹海放河灯这一民俗活动经久不衰，一直传承到现在。2001年时，广化寺还曾举办盂兰盆会，并举行放河灯活动。如今放河灯已经成为什刹海七夕节等节日的活动内容，被赋予新的文化内涵。

中元（盂兰盆会）放河灯

参考文献

cankaowenxian

书籍

[1] 余棨昌（民）. 故都变迁记略. 北京：北京燕山出版社，2002.

[2] 郦道元（北魏）. 水经注. 北京：中华书局，2009.

[3] 刘侗，于奕正（明）. 帝都景物略. 北京：北京古籍出版社，1983.

[4] 马可·波罗. 马可波罗行纪. 北京：中华书局，2012.

[5] 赵厚均. 园综. 上海：同济大学出版社，2004.

[6] 熊梦祥（元）. 析津志辑佚. 北京：北京古籍出版社，1983.

[7] 富察敦崇（清）. 燕京岁时记. 北京：北京古籍出版社，1961.

[8] 于敏中等（清）. 日下旧闻考. 北京：北京古籍出版社，1981.

[9] 周礼·考工记

[10] 震钧（清）. 天咫偶闻. 北京：北京古籍出版社，1982.

[11] 崇彝（清）. 道咸以来朝野杂记. 北京：北京古籍出版社，1982.

[12] 陆启法（明）. 燕京杂记. 吉林：吉林文史出版社，1991.

[13] 朱一新（清）. 京师坊巷志稿. 北京：北京古籍出版社，1983.

[14] 万青黎等（清）. 光绪顺天府志. 北京：北京古籍出版社，2001.

[15] 昭梿（清）. 啸亭续录. 北京：中华书局，1980.

[16] 朱一新（清）. 京师坊巷志稿. 北京：北京古籍出版社，1983.

[17] 刘若愚（明）. 明宫史. 北京：北京古籍出版社，1980.

[18] 吴文涛，王岗. 北京专史集成：北京水利史 [M]. 北京：人民出版社，2013.

[19] 侯仁之. 什刹海志 [M]. 北京：北京出版社，2003.

[20] 成善卿. 什刹海的民俗风情 [M]. 北京：当代中国出版社，2008.

[21] 赵林. 什刹海 [M]. 北京：北京出版社，2004.

[22] 刘一达. 带您游什刹海 [M]. 北京：外文出版社，2007.

[23] 什刹海研究会. 什刹海与北京城的中轴线 [M]. 北京：当代中国出版社，2013.

[24] 北京什刹海研究会，什刹海历史文化旅游风景区管理处. 京华胜地什刹海 [M]. 北京：北京出版社，1993.

[25] 吴文涛. 什刹海 [M]. 北京：北京出版社，2005.

[26] 国际古迹遗址委员会中国国家委员会. 中国文物古迹保护准则 [M]. 洛杉矶：盖蒂保护研究所，2002.

学位论文

[1] 杨大洋．北京什刹海金丝套历史街区空间研究[D]．北京建筑工程学院，2012．

[2] 吕文君．反思什刹海的变迁[D]．北京林业大学，2008．

[3] 黄灿．萃锦园造园艺术研究[D]．北京林业大学，2012．

[4] 吴美萍．文化遗产的价值评估研究[D]．东南大学，2006．

[5] 刘翔．文化遗产的价值及其评估体系[D]．吉林大学，2009．

[6] 杨利．吐鲁番水文化遗产[D]．新疆大学，2008．

[7] 陈蔚．我国建筑遗产保护理论和方法研究[D]．重庆大学，2006．

[8] 黄明玉．文化遗产的价值评估及记录建档[D]．复旦大学，2009．

[9] 刘敏．青岛历史文化名城价值评价与文化生态保护更新[D]．重庆大学，2004．

[10] 郑建南．园林类文化景观遗产的保护[D]．浙江大学，2014．

[11] 王玏．北京河道遗产廊道构建研究[D]．北京林业大学，2012．

[12] 乔娜．清口枢纽水工遗产保护研究[D]．西安建筑科技大学，2012．

[13] 金海南．试述什刹海地区历史园林保护与更新[D]．北京林业大学，2005．

期刊

[1] 谭徐明．水文化遗产的定义、特点、类型与价值阐释[J]．中国水利，2012，(21)：1-4．

[2] 杨志刚．文化遗产：新愈识与新课题[J]．复旦学报(社会科学版)，1997：4．

[3] 汪健，陆一奇．我国水文化遗产价值与保护开发刍议[J]．水利发展研究，2012，01：77-80．

[4] 张志荣，李亮．简析京杭大运河(杭州段)水文化遗产的保护与开发[J]．河海大学学报(哲学社会科学版)，2012，02：58-61+92．

[5] 徐红罡，崔芳芳．广州城市水文化遗产及保护利用[J]．云南地理环境研究，2008，05：59-64．

[6] 张法．什刹海与北京的文化记忆[J]．中国政法大学学报，2012，03．

[7] 汤念祺．郭守敬和积水潭[J]．海内与海外，2009，05：38．

[8] 萨兆沩．留驻什刹海地区古都风韵[J]．北京观察，2004，02：49-52．

[9] 张彬．什刹海老北京最后一个图景[J]．城乡建设，2005，10：77-80．

[10] 张明庆，杜育林，任阳．北京什刹海地区的物候季节[J]．首都师范大学学报(自然科学版)，2007，03：78-80+99．

[11] 谌丽，张文忠. 历史街区地方文化的变迁与重塑——以北京什刹海为例 [J]. 地理科学进展，2010，06：649-656.

[12] 张必忠. 万宁桥——北京城的奠基石 [J]. 紫禁城，2001，02：4-8.

[13] 贾珺. 北京西城棍贝子府园 [J]. 中国园林，2010，01：85-87.

[14] 李卫伟. 北京醇亲王府花园探析 [N]. 中华建筑报，2012-05-18016.

[15] 刘大可. 汇通祠复原论证 [J]. 古建园林技术，1989，03：27-31.

[16] 刘伯英，李匡. 北京工业遗产评价办法初探 [J]. 建筑学报，2008，12：10-13.

[17] 中华人民共和国非物质文化遗产法 [Z]，2011-2-25：2011.

[18] 顾风，孟瑶，谢青桐. 中国大运河与欧美运河遗产的比较研究 [J]. 中国名城，2008，02：31-36.

[19] 贺俏毅，江凯达，郭大军. 杭州京杭大运河遗产廊道保护规划探索 [J]. 中国名城，2010，08：59-63.

[20] 项文惠，王伟，刘春蕙. 京杭大运河的保护及其旅游开发——以杭州段为例 [J]. 生态经济，2009，09：109-111.

[21] 李亮. 从京杭大运河的现代复兴看水文化遗产的保护与开发——以杭州段运河为例 [J]. 黄冈职业技术学院学报，2011，06：65-69.

[22] 荀德麟. 大运河清口水利枢纽遗产及其特点 [J]. 江苏地方志，2014，04：40-43.

[23] 周珊. 加拿大里多运河的保护 [A]. 中国城市规划学会. 城市时代，协同规划——2013中国城市规划年会论文集（11-文化遗产保护与城市更新）[C]. 中国城市规划学会，2013：14.

[24] 张广汉. 加拿大里多运河的保护与管理 [J]. 中国名城，2008，01：44-45.

[25] 王肖宇，陈伯超. 美国国家遗产廊道的保护——以黑石河峡谷为例 [J]. 世界建筑，2007，07：124-126.

[26] Charles A.Flink, Robert M.Searns. Greenways. Washington: Island Press, 1993, 167.

[27] 王志芳，孙鹏. 遗产廊道——一种较新的遗产保护方法 [J]. 中国园林，2001，05：86-89.

[28] 李伟，俞孔坚，李迪华. 遗产廊道与大运河整体保护的理论框架 [J]. 城市问题，2004，01：28-31+54.

[29] 张明庆，赵志壮，王婧. 北京什刹海地区名人故居的现状及其旅游开发 [J]. 首都师范大学学报（自然科学版），2007，05：58-62.

[30] 孙英杰. 玉河历史文化风貌保护项目之实施 [J]. 北京规划建设，2010，02：75-78.

[31] 林楠，王葵. 北京玉河北段传统风貌修复 [J]. 北京规划建设，2005，04：52-56.

[32] 隋心. 布法罗河道散步道项目的设计与理念——城市河道景观基础设施整治与改善的成功案例 [J]. 中国园林，2012，06：33-38.

图片索引

tupiansuoyin

引言

第一章

第二章

第三章

第四章

第五章

附录
民俗文化

什刹海冰嬉;《京城什刹海》，中国人民政治协商会议北京西城区委员文史资料委员会编，中国文史出版社，2001.
中元（盂兰盛会）放河灯;《中国最美的城区之一——北京什刹海》，北京市西城区什刹海街道工委、办事处编著，当代中国出版社，2008.
古巳春禊图;（明）文徵明绘.